BEI GRIN MACHT SICH IHR WISSEN BEZAHLT

- Wir veröffentlichen Ihre Hausarbeit, Bachelor- und Masterarbeit

- Ihr eigenes eBook und Buch - weltweit in allen wichtigen Shops

- Verdienen Sie an jedem Verkauf

Jetzt bei www.GRIN.com hochladen und kostenlos publizieren

Bibliografische Information der Deutschen Nationalbibliothek:

Die Deutsche Bibliothek verzeichnet diese Publikation in der Deutschen National-
bibliografie; detaillierte bibliografische Daten sind im Internet über http://dnb.d-
nb.de/ abrufbar.

Dieses Werk sowie alle darin enthaltenen einzelnen Beiträge und Abbildungen
sind urheberrechtlich geschützt. Jede Verwertung, die nicht ausdrücklich vom
Urheberrechtsschutz zugelassen ist, bedarf der vorherigen Zustimmung des Verla-
ges. Das gilt insbesondere für Vervielfältigungen, Bearbeitungen, Übersetzungen,
Mikroverfilmungen, Auswertungen durch Datenbanken und für die Einspeicherung
und Verarbeitung in elektronische Systeme. Alle Rechte, auch die des auszugsweisen
Nachdrucks, der fotomechanischen Wiedergabe (einschließlich Mikrokopie) sowie
der Auswertung durch Datenbanken oder ähnliche Einrichtungen, vorbehalten.

Impressum:

Copyright © 1980 GRIN Verlag, Open Publishing GmbH
Druck und Bindung: Books on Demand GmbH, Norderstedt Germany
ISBN: 9783668615595

Dieses Buch bei GRIN:

https://www.grin.com/document/387407

Udo Scheer

Optische Untersuchungen an EU(x)Sr(1-x)S

Magneto-Optik bei der Europium-Strontium-Mischreihe

GRIN Verlag

GRIN - Your knowledge has value

Der GRIN Verlag publiziert seit 1998 wissenschaftliche Arbeiten von Studenten, Hochschullehrern und anderen Akademikern als eBook und gedrucktes Buch. Die Verlagswebsite www.grin.com ist die ideale Plattform zur Veröffentlichung von Hausarbeiten, Abschlussarbeiten, wissenschaftlichen Aufsätzen, Dissertationen und Fachbüchern.

Besuchen Sie uns im Internet:

http://www.grin.com/

http://www.facebook.com/grincom

http://www.twitter.com/grin_com

Optische Untersuchungen an $Eu_x Sr_{1-x} S$

Diplom-Arbeit von U. Scheer

Institut für Experimentalphysik
Lehrstuhl IV
Ruhr-Universität Bochum

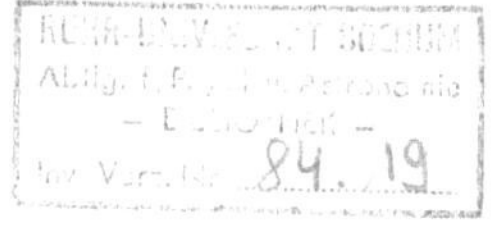

RUHR-UNIVERSITÄT BOCHUM
Abteilung für Physik und Astronomie
– Bibliothek –
Inv.-Nr. 84. 19

Juni 1980

Inhaltsübersicht

Einleitung

Diese Arbeit beschäftigt sich mit Messungen der
optischen Absorption und Reflexion an dünnen
aufgedampften Schichten des Verdünnungssystems
$Eu_xSr_{1-x}S$. Dieses Mischsystem leitet sich von
dem bekannten magnetischen Halbleiter EuS durch
Ersetzen der Eu^{++}-Ionen durch diamagnetische
Sr^{++}-Ionen ab. Es handelt sich also um ein magnetisches Verdünnungssystem. Insbesondere der
Bereich $x < 0.5$ ist in den letzten Jahren sehr
interessant geworden, da in diesem Bereich die
langreichweitige ferromagnetische Ordnung bei
tiefen Temperaturen zusammenbricht und statt-
dessen "Spinglaseffekte" gefunden wurden. Die
Ursache dieses Verhaltens ist noch nicht endgültig geklärt.

An unserem Institut wurden an dem System $Eu_xSr_{1-x}S$
Photolumineszenzmessungen an pulverförmigem
Material durchgeführt. Diese Lumineszenzmessungen
zeigten im gesamten Konzentrationsbereich $0 < x < 1$
eine durch die magnetische Ordnung bewirkte
Rotverschiebung der Lumineszenzemission. Sowohl
oberhalb der kritischen Konzentration für Spinglasverhalten $(x > 0.5)$ als auch im "Spinglas"-Bereich
$(x < 0.5)$ wurden grundsätzlich die gleichen magneto-
optischen Effekte gefunden, was darauf schließen
läßt, daß die magnetische Nahordnung in beiden
Bereichen ähnlich ist.
Die vorhandenen Lumineszenzmessungen sollen
durch Absorptionsmessungen ergänzt werden.
Zu diesem Zweck mußten dünne Filme $Eu_xSr_{1-x}S$
hergestellt und die optische Absorption im
Bereich der magnetischen Ordnung $(T \leq 16\ K)$

untersucht werden. Ein kommerzielles Cary 14 Zweistrahlspektrometer wurde für Messungen bei tiefen Temperaturen umgerüstet. Die Qualität und die Zusammensetzung der Filme wurden sorgfältig kontrolliert, da beim Verdampfen eines 3-Stoff-Systems z.B. eine Abweichung der Konzentration in den kondensierten Filmen von der Ausgangszusammensetzung entstehen kann.

I. Physikalische Grundlagen

1. Die geschichtliche Entwicklung

Im Jahre 1961 entdeckten Matthias, Bozorth und
Van Vleck in den Bell-Telephone-Laboratorien, daß
Europiumoxyd (EuO), ein Nichtleiter mit Steinsalz-
struktur, unterhalb 77 K ferromagnetisch ist. [1]

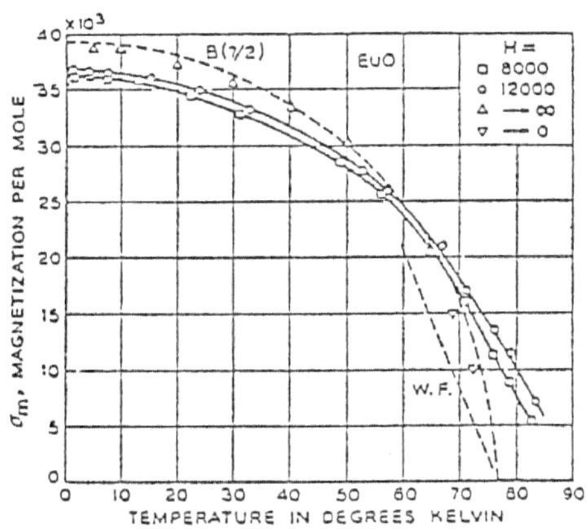

Bild 1. Originalmessung aus Quelle 1)

Magnetisierung von EuO im ferromagnetischen Bereich in Abhängigkeit von der Temperatur

Kurz nach dieser sensationellen Entdeckung wurde
in drei verschiedenen Laboratorien Ferromagnetismus
für EuSe (EuSe stellte sich später als antiferro-
magnetisch heraus [2]) gefunden (1962, 1963) [3],[4],[5].
Die magnetischen Momente der lokalisierten,
zwischenatomar nicht überlappenden 4f-Elektronen
der Eu^{++}-Ionen im EuS (Kristallgitter ebenfalls
NaCl-Typ) ordnen sich unterhalb 16.5 K parallel
zueinander.

Eine Deutung der magnetischen Ordnung durch eine ferromagnetische Wechselwirkung J_1 zwischen nächsten Nachbarn und eine schwächere antiferromagnetische Wechselwirkung J_2 zwischen übernächsten Nachbarn (die beide durch Superaustausch zustande kommen) führt nach Goodenough [6] zu einem effektiven Austauschparameter J_1 der Größe

$$(1) \qquad J_1 = \frac{2\ b^2\ J_{fd}}{4\ S^2\ U^2}$$

Hierbei ist b das Transfer-Integral, das das Elektron von 4f- in 5d-Zustände benachbarter Eu^{++}-Ionen transferiert, J_{fd} der inneratomare 4f-5d-Austausch, S der Gesamt-4f-Spin und U die Anregungsenergie vom $4f^7$-Niveau ins $5d_{t2g}$-Band.

Die Austauschparameter bestimmen die Curie-Temperaturen der Eu-Chalkogenide wie in Bild 2 gezeigt [7].

Bild 2.

Die Austauschparameter J_1 und J_2 als Funktion der Gitterkonstanten in Eu-Chalkogeniden [7].
Für EuS ist $J_1 = 0.2$ K, $J_2 = -0.1$ K.

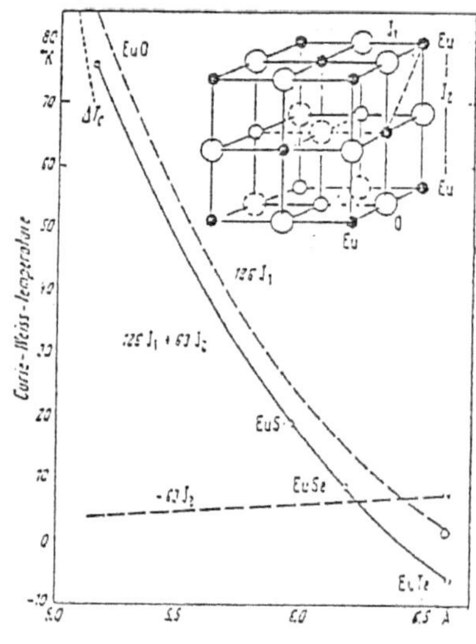

Bei der Untersuchung des optischen Absorptionsspektrums wurde dann 1964 von Busch und Wachter [8]

die Verschiebung der Absorptionskante zu niedrigerer
Energie beim Unterschreiten der Curie-Temperatur
entdeckt.

Noch bevor theoretische Rechnungen vorlagen, schlug
Methfessel [9] 1965 vor, daß der zugehörige elektronische Übergang ein Übergang von oder zu einem
4f-Niveau sein müsse, da er von einer großen Faraday-
Rotation begleitet wird, die nur bei Beteiligung
"magnetischer" Schalen auftritt. Er schlägt ein
Energieniveauschema vor, in dem die $4f^7$-Niveaus als
lokalisierte Zustände in der Lücke zwischen Valenz-
und Leitungsband liegen.

Diese später allgemein anerkannte Annahme konnte
in den auf Bandmodellen beruhenden nun erscheinen-
den ersten theoretischen Arbeiten von Rys, Baltensperger (1966) [10] und Cho (10/1966) [11] noch nicht berücksichtigt werden. Beide Autoren gehen davon aus,
daß das angeregte Elektron von einem Valenzband
(3p,4p) in ein Leitungsband (5d,6s) übergeht, wobei
Cho eine umfangreiche Bandstruktur ausrechnet.
Unter dieser Voraussetzung sehen Rys, Baltensperger
die Ursache der magnetischen Rotverschiebung in
einer Erniedrigung der Leitungsbandkante bei ein-
setzender magnetischer Ordnung, die proportional
zur Spinkorrelationsfunktion $<\vec{S}_1\vec{S}_2>$ der Ionen ist.

Entgegen dieser Bandvorstellung sind aber auch
schon Hinweise auf einen möglichen lokalisierten
Zustand des angeregten Elektrons vorhanden (1967). [12]

Anfang 1968 bringt Kasuya theoretische Betrachtun-
gen über das System $Eu_xGd_{1-x}S$ für kleine Gd-Konzen-
tration und deutet die beobachteten Phänomene gut
in einem "impurity-model" [13] mit lokalisiertem
Elektron beim Gd^{3+}. Ebenso könnte die zusätzliche

Coulomb-Ladung des optisch angeregten Eu^{++}
($\rightarrow Eu^{+++}$) zu einem lokalisierten d-Elektron
führen. Es heißt dann magnetisches Exziton. [14]

Nun ist die Diskussion in vollem Gange, und 1972
diskutieren Wachter [15] und Kasuya [16] in CRC,
Seite 189ff bzw. Seite 131ff ausführlich die
komplizierte Physik: Kasuya wendet starke Bedenken
gegen das Bandmodell ein, da die zugrunde liegende
Ein-Elektron-Näherung keine Kovalenzeffekte,
Elektron-Phonon-Wechselwirkung und z.B. dielektri-
sche Abschirmung im ionischen Kristall berücksichtigt.
Außerdem gebe es keine magnetischen Polaronen und
auch keine schmalen d-Bänder in Eu-Chalkogeniden.

Wachter deutet die Rotverschiebung immer noch als
Leitungsbandaufspaltung in spinpolarisierte Unter-
bänder. Transporteigenschaften und Lumineszenz
werden im Rahmen des magnetischen Polarons gedeutet.
Streit [17] schlägt 1973 einen Kompromiß zwischen
dem Polaron- und dem Exzitonmodell vor, während
Lendi [18] 1974 mit einer OPW-Bandrechnung aufwartet,
die im wesentlichen die früheren APW-Rechnungen von
Cho bestätigt.
Güntherodt [19] greift 1974 das Thema auf und
beurteilt APW, OPW und allgemein Ein-Elektron-
Näherungen als schlecht. Er wendet auf Kasuyas et al.
Deutung der Photoleitung im Exziton-Modell ein,
daß es ein tiefer liegendes 6s-Leitungsband nicht
geben könne, da dann der Übergang 4f-6s zuerst
stattfinden sollte, denn dieser sei zwar im freien
Ion verboten, nicht aber im Kristall. Er nimmt zur
Deutung der Experimente schmale d-Bänder an, um auch
in Übereinstimmung mit Photoemissionsmessungen zu
sein.

Kasuya [20] bringt 1977 eine ausführliche theoretische Berechnung des magnetischen Exzitons
und ist ebenfalls in guter Übereinstimmung mit
den Experimenten, wobei er insbesondere die Verformung des Absorptionspeaks erklären kann.

In der neuesten mir bekannten Arbeit von 1979
ist Westerholt [21] durch temperatur- und magnet-
feldabhängige Messungen von Photoleitfähigkeit
und Photohalleffekt sowie Photolumineszenz und
deren Quantenausbeute und optischer Absorption
und Reflexion am Verdünnungssystem $Eu_xSr_{1-x}S$
bzw. $Eu_xSr_{1-x}O$ geneigt, Ein-Elektron-Modelle
zur Erklärung des angeregten Zustandes des
4f-Elektrons in den Eu-Chalkogeniden endgültig
zu verwerfen und lokalisierten Viel-Elektronen-
Zuständen (Exzitonen) den Vorzug zu geben.

2. Optische Spektren und magnetische Rotverschiebung in den Eu-Chalkogeniden

Das optische Absorptionsspektrum von EuS (Bild 3) zeigt vor einem Hauptabsorptionsgebiet bei etwa 4eV noch ein Maximum bei ca. 2.4eV. [22] Aus diesen Messungen wurden Energieschemata abgeleitet: Das erste Maximum wird dem Übergang $4f^7$-$4f^6 5d_{t2g}$ zugeordnet. Die Übergänge bei höherer Energie werden den $4f^7$-$(5d_{eg}, 6s)$ und Valenzband-Leitungs-bandübergängen zugeschrieben (Bild 4).

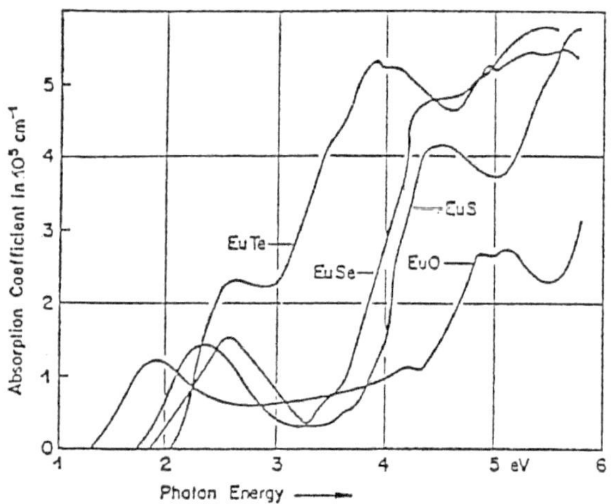

Bild 3. [23]
Aus Reflexionsmessungen berechnete
Absorptionskoeffizienten der
Europium-Chalkogenide als Funktion
der Photonenenergie.

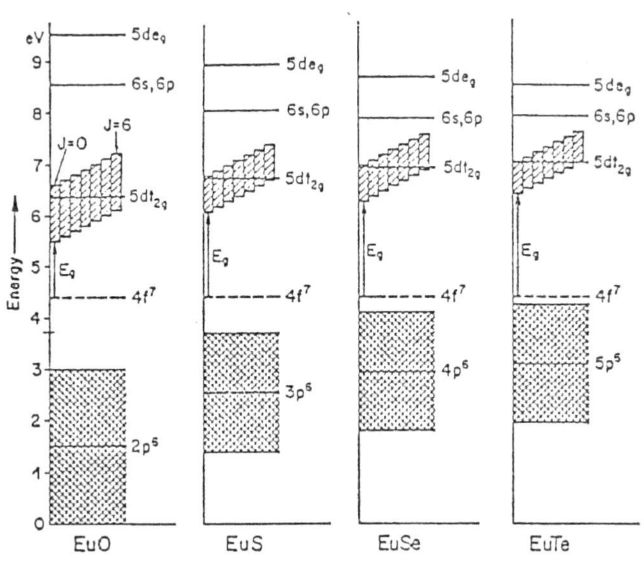

Bild 4. [24)]

Das Bandmodell der Eu-Chalkogenide.
Eg ist die Energie des niedrigsten
Überganges.

Bei Einsetzen der magnetischen Ordnung unterhalb
16.5 K zeigt das EuS eine Verschiebung des 1. Absorptionspeaks zu niedrigeren Energien. Das ist
die sogenannte magnetische Rotverschiebung des
$4f^7 - 4f^6 5d_{t2g}$-Überganges.
Bild 5 zeigt die Temperaturabhängigkeit der
Absorptionskante bei EuS.

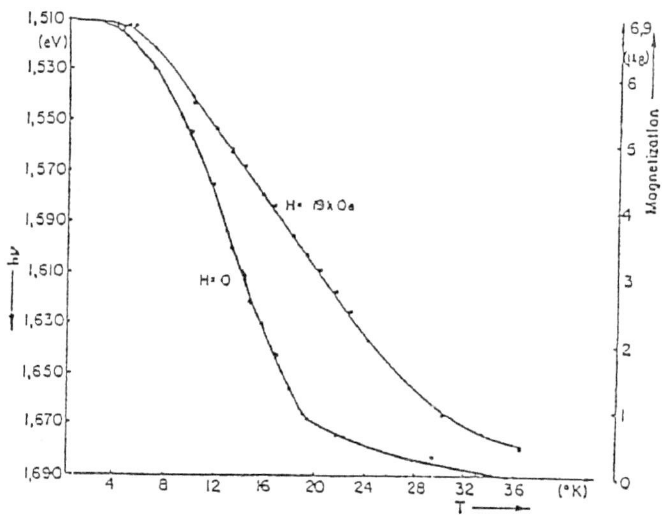

Bild 5. [15)]

Energetische Lage der Absorptionskante in EuS als Funktion der
Temperatur für zwei Magnetfelder.

3. Theoretische Modelle

Für eine umfassende Darstellung sei auf die
Übersichtsartikel [15), 7)] verwiesen. Im fol-
genden sollen nur einige für die Interpretation
der in dieser Arbeit durchgeführten Messungen
wichtige Ergebnisse dargestellt werden.

a) <u>Bandmodelle</u>

Die Anwendbarkeit der Ein-Elektronen-Band-
rechnung auf ionische Verbindungen mit schweren
Kationen (NiO z.B. oder EuS) wird bezweifelt. [25],[26]
In Bild 6 ist der wichtigste Teil der von Cho [27]
berechneten Bandstruktur dargestellt. Man beachte,
daß das d-Band am X-Punkt weit herunterkommt und
das s-Band am Γ -Punkt energetisch darüberliegt.
Der erste Absorptionspeak sollte in diesem Modell
von der Anregung 4f-5d am X-Punkt der Brillouin-
Zone kommen. Daß die Absorption bei 3eV wieder
abnimmt, muß auf stark energieabhängige f-d-Über-
gangsmatrixelemente zurückgeführt werden, da das
d-Band an sich ja so breit ist, daß die Anregung
in energetisch höhere Zustände immer möglich sein
sollte, wenn man nicht schmale d-Bänder annehmen
will (s.S.6).

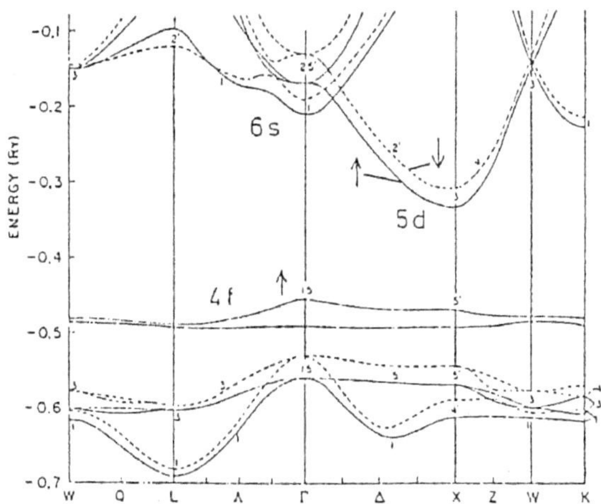

Bild 6. APW - Energiebänder für EuS in den wichtig-
sten Richtungen der Brillouin-Zone. Die Lage
der 4f-Niveaus hängt empfindlich vom be-
nutzten Wert des Austauschpotentials ab.

In Bild 7 ist eine Bandstruktur von Kasuya [20]
dargestellt, in der Vielteilcheneffekte durch
Benutzung von experimentellen Größen wie
Madelung-Potential, elektrische Polarisation
und Gitterpolarisation als Ausgangspunkt einer
LCAO-Rechnung berücksichtigt sind. Hier liegt
das 5d-Band am X-Punkt höher als das 6s-Band am
Γ -Punkt. Auch liegt das 4f-Niveau auf Anhieb
in der Bandlücke.

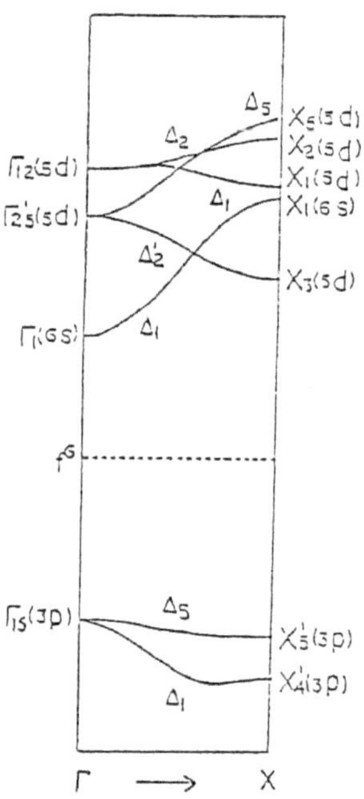

Bild 7.
LCAO-Bandstruktur in der Richtung
von Γ nach X der Brillouin-Zone
nach Kasuya

Im Bereich der Leitungsbandkante (6s,5d) und bis
etwa 1eV darunter werden zur Erklärung des Absorptionspeaks Exzitonen-Niveaus angenommen (Bild 8).

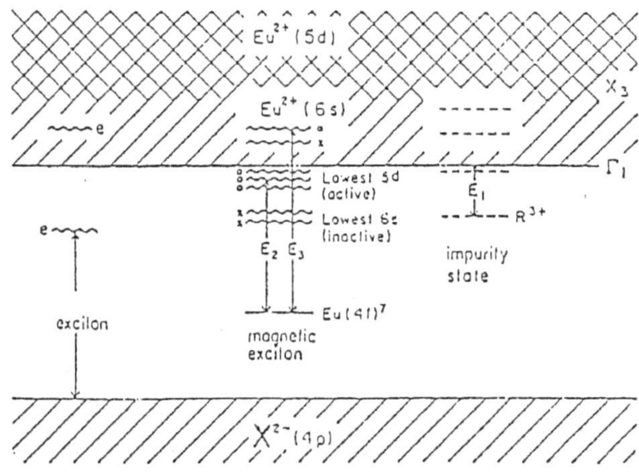

Bild 8. aus 14)
Schematische Darstellung der verschiedenen Energieniveaus in EuX mit
Exzitonen-Zuständen und "impurity-
state" (s.S.5)

b) <u>Exzitonen-Modell</u>

Ein aus dem 4f-Niveau angeregtes Elektron geht
hier in einen lokalisierten Zustand über, der
energetisch günstiger als ein Bandzustand ist,
weil das Elektron Coulomb-Energie aus der An-
ziehung des zurückbleibenden Loches in der
4f-Schale gewinnt. Im Unterschied zu einem
normalen Exziton, das aus einem im Kristall
beweglichen (Band-) Elektron- (Band-) Loch-Paar

besteht, ist dieses Exziton auf Grund der starken
Lokalisierung des 4f-Niveaus am Eu-Gitterplatz
angeheftet und hat keine Beweglichkeit. Die Wahr-
scheinlichkeit, daß sich das angeregte Elektron
am Ursprungs-Ion aufhält, beträgt a_o (64% in EuS).
Es hat sowohl beim Ursprungs-Ion als auch bei den
nächsten Eu-Nachbarn d-Charakter. Das exzitonische
Elektron kann über die 5d-Überlappung zu gleich-
artigen Nachbarn laufen und dadurch kinetische
Energie gewinnen. Dies ist nicht möglich, wenn es
sich bei dem Nachbar-Kation um ein Sr^{++} handelt,
in dessen d-Niveaus das Elektron nicht eindringen
kann, da diese 1 eV höher liegen. Das bedeutet,
daß, ausgehend von einem vereinzelten Eu-Ion in
SrS-Matrix, der $4f^7$-$4f^6$5d-Exzitonübergang mit
zunehmender Anzahl der Eu-Nachbarn kontinuierlich
energetisch abgesenkt wird ("kinetic redshift").
Die charakteristischen Parameter des lokalisierten
Exzitons, a_o, Bindungsenergie und kinetische
Energie sind in Bild 9 als Funktion des effektiven
Potentials gezeigt.

Bild 9.
Charakteristische Para-
meter des (5d,5d)Exzi-
tons als Funktion des
effektiven Potentials
ΔE_{5d}, welches in EuS
den Wert 2.64eV annimmt.
Damit wird a_o=0.64, die
Bindungsenergie
ΔE_b=0.54eV und die kinetische Energie
ΔE_k=0.53eV.

(aus [20])

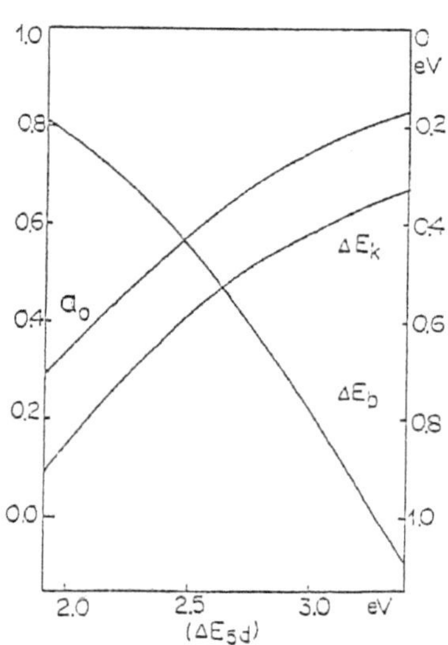

c) <u>Erklärung der magnetischen Rotverschiebung
   in beiden Modellen</u>

Im Bandmodell erklären Rys, Baltensperger [10]
die Verschiebung der Absorptionskante zu niedrigeren Energien beim Einsetzen magnetischer
Ordnung sowie etwas oberhalb davon durch den
Hamilton-Operator

$$(2) \qquad H = \frac{p^2}{2m} - J \sum_{n.N.} \vec{S}_i \vec{S}_j - \Omega \sum_j (\vec{r} - \vec{R}_j)\, \vec{s} \cdot \vec{S}_j$$

bei dem ein freies Bandelektron (1.Term) in einem
magnetisierten Heisenberg-Gitter (2.Term) eine
mittlere Austauschwechselwirkung $\vec{s} \cdot \vec{S}_j$ mit allen
Ionen macht (3.Term). Es resultiert eine Erniedri-
gung der Leitungsbandkante proportional zur Spinkorrelationsfunktion $\langle \vec{S}_i \vec{S}_j \rangle$ der Ionen, die den
experimentellen Verlauf gut wiedergibt. Allerdings
kann die Verformung des Peaks nicht mit einer
spinpolarisierten Leitungsbandaufspaltung erklärt
werden.

Im Exziton-Modell gewinnt das lokalisierte
Kasuya-Exziton bei magnetischer Ordnung der
nächsten Nachbarn Austauschenergie, wenn es sich
am Nachbar-Kation aufhält, also mit
$(1-a_o)\, I_{df} \langle \vec{S}_i \vec{S}_j \rangle_{n.N.}$, d.h. ebenfalls proportional zur Spinkorrelationsfunktion der Ionen.
Im Falle parallelen Spins läuft das Elektron
leichter zu den Nachbarn als bei ungeordnetem
Spin. Außerdem wird durch Änderung des Drehim-
pulskopplungsschemas im Bereich ferromagnetischer
Ordnung die Absorption in unmittelbarer Nähe der
Kante verstärkt, was die Änderung der Form des
Peaks gut erklären kann. [28]

4. Magnetische und optische Eigenschaften von $Eu_xSr_{1-x}S$

Werden die magnetischen Eu^{++}-Ionen im EuS allmählich durch diamagnetische Sr^{++}-Ionen, die annähernd den gleichen Ionenradius haben, ersetzt, so ändert sich die Temperatur T_c des ferromagnetischen Überganges. Trägt man die Temperatur des magnetischen Phasenüberganges gegen die Konzentration x des Eu auf, so erhält man das magnetische Phasendiagramm in Bild 10, das aus magnetischen Messungen [29] gewonnen wurde.

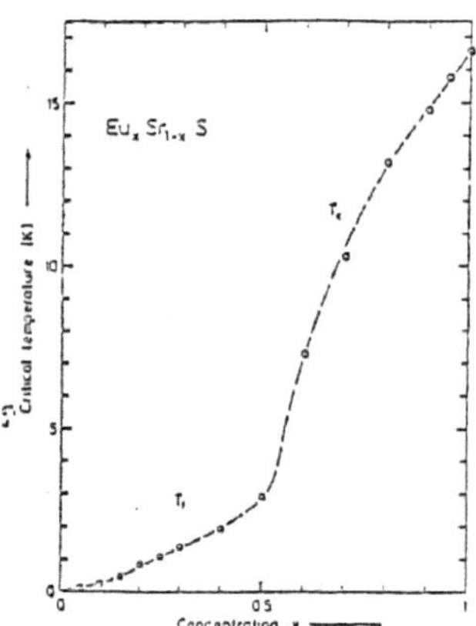

Bild 10.
Magnetisches Phasendiagramm von $Eu_xSr_{1-x}S$ mit "Spinglasbereich" bei $x \leq 0.52$

Bis x=0.6 findet sich ein normaler ferromagnetischer Übergang. Unterhalb einer Eu-Konzentration von x=0.52 tritt aber kein reiner ferromagnetischer Zustand bei tiefen Temperaturen mehr auf, sondern Spinglasphänomene wie

- ein Maximum in der Anfangssuszeptibilität
  bei T_f, das sich mit der Meßfrequenz des
  angelegten Magnetfeldes verschiebt, [30]
- ein breiter Peak (statt einer scharfen
  Spitze) in der spezifischen Wärme, [31],[32],[33]
- zeitabhängige Magnetisierung mit sehr großer
  Abklingzeit [29], sowie
- Kleinwinkelstreuung bei der Neutronenbeugung,
  die auf magnetische Cluster mit einer mittleren
  Größe von 20 - 100 Å hindeutet. [29]

Die mikroskopische magnetische Ordnung im Spinglasbereich ist noch nicht völlig verstanden.
Während einige Autoren [29] von einer chemisch
statistischen Verteilung der Eu-Ionen in SrS
ausgehen und das Spinglasverhalten allein auf
die Konkurrenz zwischen ferromagnetischer
Wechselwirkung J_1 zwischen nächsten Nachbarn
und antiferromagnetischer Wechselwirkung J_2
zwischen übernächsten Nachbarn zurückführen,
nehmen andere [34] eine teilweise spinodale Ent-
mischung (nicht-statistische Verteilung mit
periodischer Schwankung der Eu-Konzentration
in Gebieten von ca. 50 - 200 Å um ca. $\pm$ 25%)
als Ursache für die anomalen magnetischen Eigenschaften an.
Da die magnetische Rotverschiebung die magnetische
Nahordnung direkt durch Messung der Spinkorrelationsfunktion der nächsten Nachbarn bestimmt (s.S. 15),
ist hiervon weiterer Aufschluß zu erwarten. Auch
die Bestimmung der elektronischen Bandstruktur
im ganzen Konzentrationsbereich ist nützlich, was
durch Messung der Absorption und Reflexion bei
Zimmertemperatur angegangen wird. Die Verschiebung
des 1. Absorptionspeaks bei Zimmertemperatur
wurde schon einmal gemessen. [35]

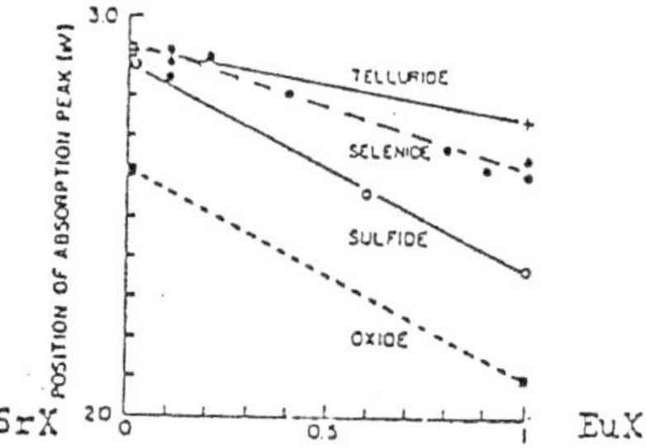

Bild 11.

Energetische Lage des Absorptionspeaks des $4f^7 - 4f^6 5d_{tg}$ - Überganges als Funktion der Sr-Verdünnung in den Eu-Chalkogeniden

II. Meßapparate

Zur Messung der optischen Dichte dünner Filme
bei tiefen Temperaturen wurde das "Cary 14 Re-
cording Spektrophotometer" in Verbindung mit
einem optischen Kryostaten benutzt.

1. Das Cary 14

a) Optik

Der Strahlengang im Cary 14 ist in Bild 12 dargestellt. Das Licht einer Wolfram-Lampe wird
durch ein Prisma und ein Echelette-Gitter spektral zerlegt (Doppelmonochromator). Aus dem
Spektrum wird durch Spalte ein kleiner Bereich
ausgeblendet, der mittels eines rotierenden
halbkreisförmigen Spiegels 60mal pro Sekunde
so umgelenkt wird, daß der Lichtstrahl einmal
durch die Probenzelle, das andere Mal durch die
Referenzzelle fällt (Zweistrahlspektrometer).
In den Probenstrahl wird dann die absorbierende
Probe (z.B. Küvette mit Lösung oder aufgedampf-
ter Film o.ä.), in den Referenzstrahl gegebenen-
falls ein Referenzabsorber (z.B. leere Küvette,
Unterlage des Films, Abschwächer o.ä.) eingebracht. Nach dem Durchgang durch Proben- bzw.
Referenzkammer werden die verbleibenden Anteile
beider Strahlen über Spiegel auf denselben
Photomultiplier gelenkt und dort in zeitlich
aufeinanderfolgende Spannungsimpulse umgesetzt
(Bild 14), die von einer umfangreichen Röhren-
elektronik weiterverarbeitet werden.

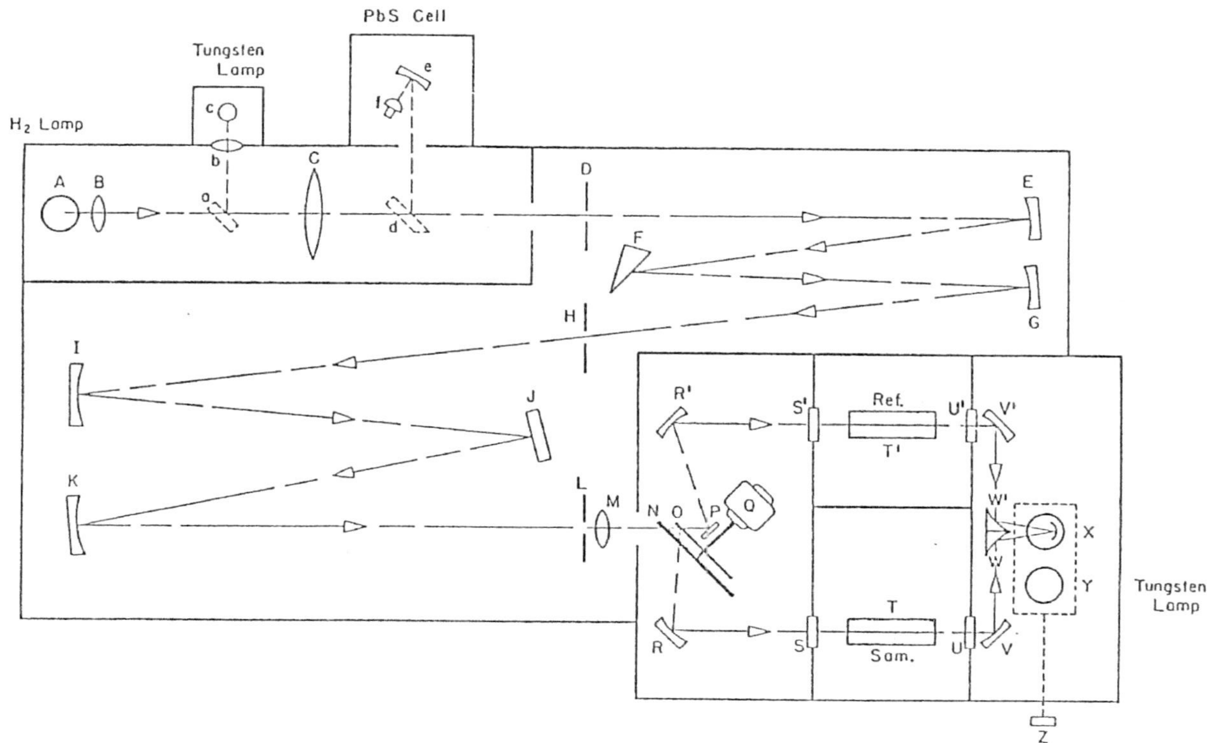

Bild 12.
Optisches System des Cary 14

Erklärung der Bezeichnungen in Bild 12 :

F)	30° Quarz Prisma (1. Monochromator)
J)	600 Linien/mm Echelette-Gitter (2. Monochromator)
E,G,I,K)	Hohlspiegel
D)	Eintrittsspalt
H)	Austrittsspalt des 1. Monochromators
L)	Austrittsspalt des 2. Monochromators
c)	Wolfram-Lampe. Die meisten Messungen können mit der Wolfram-Lampe durchgeführt werden.
T')	Referenz im Referenzraum
T)	Probe im Probenraum
O)	Rotierender Halbkreisspiegel
N)	Chopper-Scheibe, ebenfalls wie O) auf der Achse des Motors Q)
R,P,R')	Spiegel
V,W)	Spiegel
V',W')	Spiegel
X)	Photomultiplier
Y)	Wolfram-Lampe für Infrarot-Messungen

Mit drei verschiedenen Lampen und einem Wellen-
längenantrieb mit acht verschiedenen Geschwindig-
keiten von 0.5 $\overset{o}{A}$/s bis 500 $\overset{o}{A}$/s sind kontinuierliche Messungen von 1850 $\overset{o}{A}$ bis ca. 26000 $\overset{o}{A}$ möglich, die in allen Fällen nicht von der Charakte-
ristik z.B. des Photomultipliers oder Intensitäts-
schwankungen der verwendeten Lichtquelle abhängen.

b) <u>Elektronik</u>

Bild 13 zeigt schematisch den Aufbau des elektronischen Teils des Cary 14.

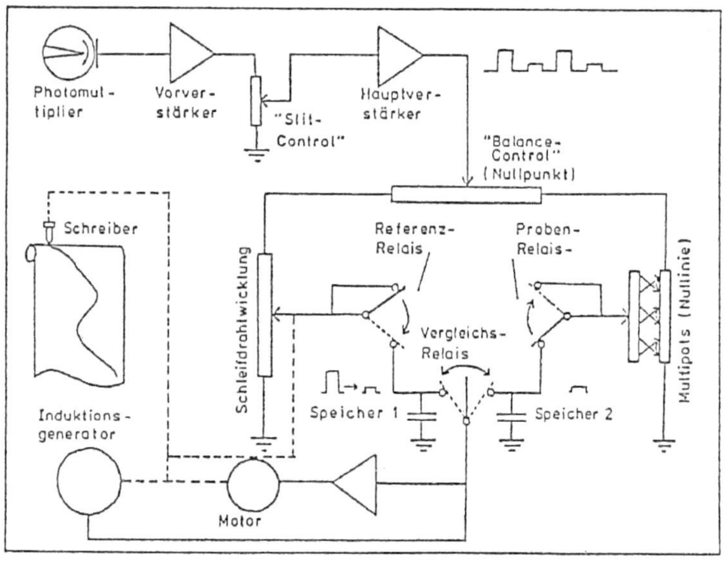

Bild 13.
Prinzipschaltbild der Signalver-
arbeitung im Cary 14

Das am Photomultiplier anfallende Signal besteht aus einer Reihe von Impulsen, wie in
Bild 14 gezeigt.

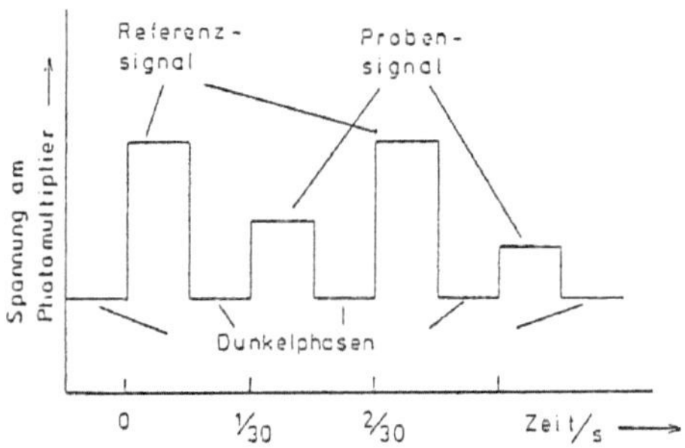

Bild 14.
Das am Photomultiplier entstehende
Signal. Die Zeit für eine Periode
beträgt $\frac{1}{30}$ s.

Diese werden zunächst verstärkt. Das Referenz-
signal wird über einen Servomechanismus zur
simultanen Regelung von Ein- und Austrittsspalt
zwischen 0 und 3 mm konstant gehalten. Damit
ist das Verhältnis Signal zu Rauschen im ganzen
Wellenlängenbereich konstant. Die volle Referenz-
spannung fällt über einer Schleifdrahtwicklung
ab. Der Schreiber fährt unter dieser Schleifdrahtwicklung entlang und greift hier eine Spannung ab, die 30mal pro Sekunde auf einem Konden-
sator gespeichert wird. Auf einem anderen Speicher
wird das Probensignal ebenfalls mit 30 Hz gespeichert. Ein weiteres Hochgeschwindigkeitsrelais
legt mit 60 Hz nacheinander die Probenspannung
und den abgegriffenen Bruchteil der Referenz-
spannung an den Induktionsgenerator, der bei

unterschiedlicher Amplitude der beiden Signale
eine Spannung erzeugt, die den Motor ansteuert,
der den Schreiber unter dem Schleifdraht entlang-
fahren läßt. So wird die Amplitudendifferenz
ausgeglichen.

Je nachdem ob der Schleifdraht linear oder
logarithmisch gewickelt ist, werden Transmis-
sion oder optische Dichte direkt aufgeschrie-
ben.

Die optische Dichte D ist definiert als:

$$(3) \qquad D = \log_{10} \frac{I_o}{I}$$

und wird beim Cary 14 direkt angezeigt.

Die Absorptionskonstante K ist dann

$$(4) \qquad K = \frac{2.303}{d} \; \log_{10} \frac{I_o}{I} \; .$$

Sie wird in 10^5 pro cm angegeben.

Der Schreiber zeigt optische Dichten von 0.0 bis
2.0 direkt an. Steigt die Absorption der Probe
darüber hinaus weiter an, so müssen im Referenz-
gang Abschwächer mit einer konstanten Absorption
eingebracht werden. Um geringfügige Änderungen
der Absorption besser auflösen zu können, steht
ein Schreibereinsatz für den Bereich 0.0 bis 0.2
zur Verfügung. Reflexions- und Transmissionsmes-
sungen werden am besten mit dem linearen Einsatz
gemacht (0 bis 100% Durchlässigkeit).
Der Nullpunkt kann beliebig verschoben werden, die
Nulllinie des Gerätes läßt sich im ganzen Wellenlängenbereich mit Hilfe von 44 Potentiometern
glatt einstellen (Multipots in Bild 13).

2. Der Kryostat

Der Kryostat ist ein Verdampferkryostat mit
eigenem Helium-Tank und optischen Fenstern.

Wie aus Bild 15 ersichtlich, besteht der Kryostat
zunächst aus dem inneren Helium-Tank, der ca. 5 l
flüssiges Helium aufnimmt (4.2 K). Als Wärme-
isolierung ist der He-Tank von einem Vakuum, einem
Tank mit flüssigem Stickstoff und nochmaligem
Vakuum umgeben und wird so von der Außentemperatur
abgeschirmt. In dem Stützvakuum zwischen He- und
N_2-Tank befinden sich zusätzlich ca. 50 Lagen
undurchsichtige Kunststoffolie ("Superisolation"),
die die Wärmestrahlung zum He-Gefäß nochmals
vermindern.

Zur Erzeugung tiefer Temperaturen im Probenraum
des Kryostaten wird durch ein dünnes Rohr, das
mit einem Nadelventil geschlossen werden kann,
flüssiges Helium aus dem Tank in den Probenraum
gesaugt, kommt dort auf einen porösen Sinter-
körper großer Fläche und verdampft. Das Helium-
gas streicht nun an der an einem Probenstab
befestigten Probe vorbei, wobei die Probe die
Temperatur des Gases annimmt. Das Gas wird am
Probenstab entlang weiter durch den Kryostat
gesaugt, erwärmt sich und strömt durch die ange-
schlossene Pumpe wieder in das Helium-Rückge-
winnungs-System zurück.

Die Temperatur des verdampfenden Heliums hängt
von seinem Druck ab. Der Druck kann durch Änderung
des Zuflusses (Nadelventil) oder der Abpumpleistung
(Dosierventil, Bypassventil) eingestellt werden.

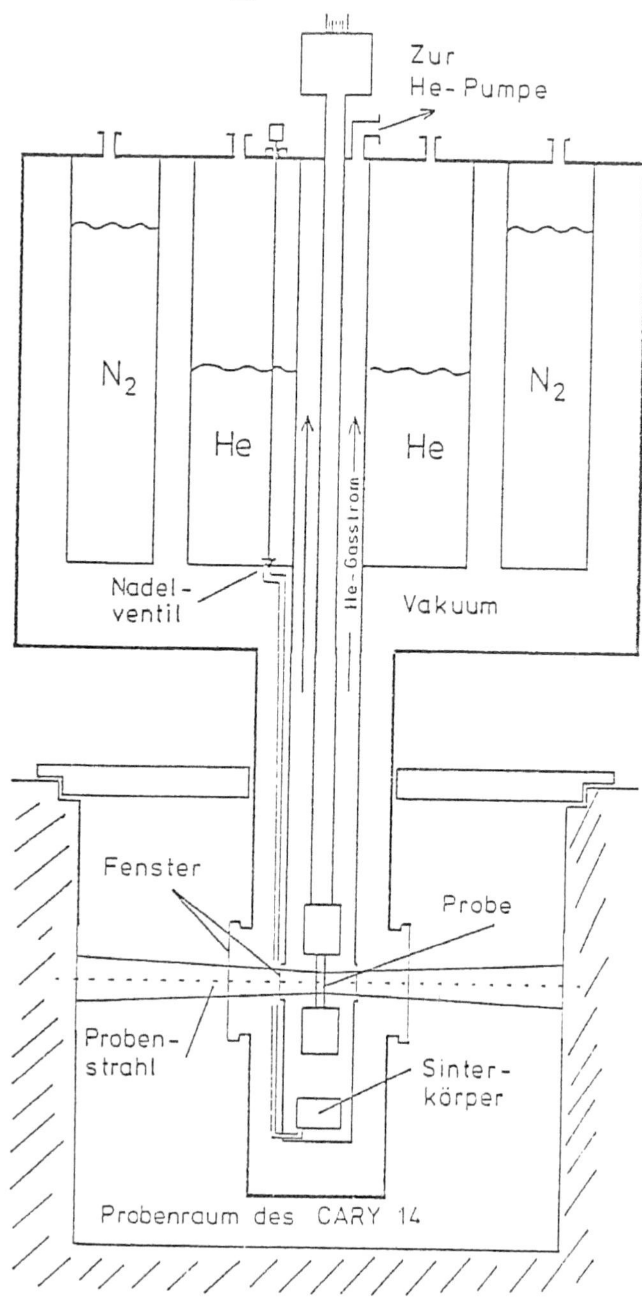

Bild 15. He-Kryostat in Kombination
mit dem Spektrometer Cary 14

Außerdem ist sowohl am Probenstab wie auch im
Probenraum je eine Heizwicklung angebracht. Kon-
stante und gut regelbare Temperatur wurden bei
kleinstem He-Zufluß und größter Pumpleistung,
d.h. tiefster Temperatur (1.5 K) durch Einstellen höherer Temperaturen bis 30 K mittels der im
Kryostat eingebauten Gasraumheizung erreicht.
Die am Probenstab angebrachte Heizung brachte
ungünstigere Verhältnisse wegen schlechter Wärme-
kopplung zur Probe.

Im Kupfer des Probenstabes sind in der Nähe der
Probe in zwei Nuten zwei Kohlewiderstände ange-
ordnet, von denen einer geeicht ist und der Tem-
peraturmessung dient, während der andere zur
Temperaturregelung eingesetzt ist (4-Punkt-Technik).

Die beiden Fenster des Kryostaten sind so im
Probenraum des Cary 14 ausgerichtet, daß der
Lichtstrahl genau durch äußere und innere Fenster
auf das im Probenstab hängende Quarzglasplättchen
fällt, auf das vorher in einer getrennten Auf-
dampfapparatur der zu untersuchende $Eu_xSr_{1-x}S$ -
Film aufgedampft wurde (s. Abschnitt "Probenprä-
paration").

III. Probenpräparation

1. Herstellung der Proben

Die zum Aufdampfen der Filme benötigte Substanz
wurde nach dem von Petzel [36] angegebenen Oxalat-
verfahren gewonnen, bei dem Eu- und Sr-oxalat ge-
meinsam aus der Lösung gefällt werden, was einer
guten statistischen Durchmischung dient. Das
Mischoxalat wird dann im H_2S-Gasstrom bei $900^{\circ}C$
in das Mischsulfid $Eu_xSr_{1-x}S$ überführt.
Die Debye-Aufnahmen zeigten gute Reinheit des
Pulvers und kubische Struktur mit Gitterkonstanten zwischen 5.97 und 6.02 Å je nach Sr-Konzen-
tration (Bild 16).

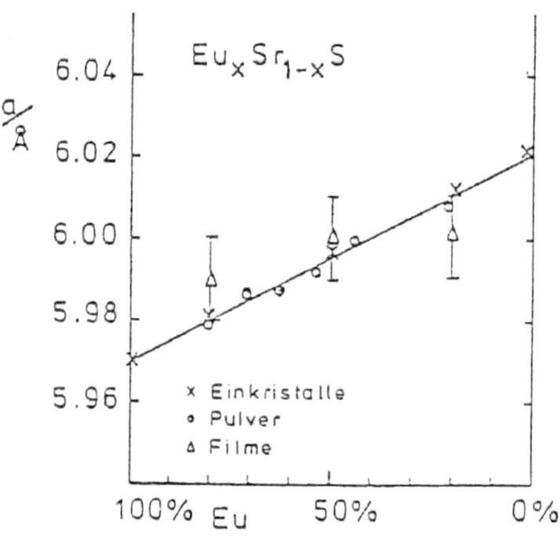

Bild 16.

Gitterkonstanten der Mischreihe
(x Einkristalle, o Pulver,
Δ Filme mit Fehlerbalken)

Um die optische Absorption messen zu können, wurde
das Pulver in Form von Preßtabletten im Vakuum aus
widerstandbeheizten Wolframtiegeln bei ca. 2500°C
sublimiert und kondensierte auf dem als Unterlage
verwendeten Quarzglasscheibchen. Der Restgas -
Druck betrug ca. $0.5 \cdot 10^{-5}$ Torr, die Aufdampfdauer
ca. 10 - 20s, die Entfernung des Substrats von der
Quelle ca. 15cm. Die so erhaltenen Filme sehen
gut homogen aus, sind ca. 3000 Å dick und lassen
sich bei tiefen Temperaturen im gewünschten Wellenlängenbereich gut untersuchen.

Bei zu dünnen Filmen < 500 Å tritt eine starke
Alterung an Luft ein, zu dicke Filme > 10000 Å
blättern leicht ab. Beide sind dann für Messungen
nicht mehr brauchbar. Außerdem treten Interferenzen
in der Schicht auf, die von Wellenlänge, Brechungsindex und Schichtdicke abhängen und die Absorptionsmessungen bei 1.7 - 2.2eV beeinflussen, wenn die
Schichtdicke größer ist als ca. 5000 Å.

Zusammensetzung und Struktur der aufgedampften
Filme brauchen nicht mit denen der verwendeten
Ausgangssubstanz übereinzustimmen. Deswegen
wurde die Zusammensetzung mit Hilfe einer Röntgen-
fluoreszenzanalyse (RFA) geprüft. Struktur und
Gitterkonstante der aufgedampften Filme wurden
mit einem Röntgen-Goniometer bzw. einer Debye -
Kamera näher untersucht.

2. Kontrolle der Zusammensetzung mittels Röntgenfluoreszenzanalyse (RFA)

Bei der Röntgenfluoreszenzanalyse verwendet man
den Aufbau gemäß Bild 17. [37]

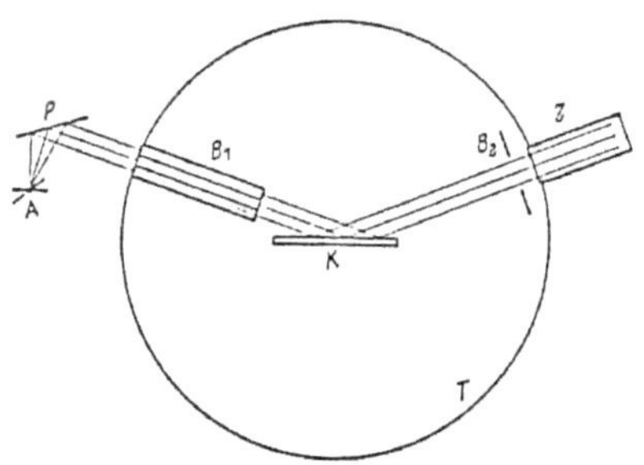

Bild 17.

Meßprinzip bei der Röntgenfluoreszenzanalyse

Es bedeuten: A Röntgenröhre, emittiert kontinuierliche Strahlung; P zu untersuchende Probe, emittiert
charakteristische Strahlung; B_1 (Soller-Spalt-) Blende
zur Begrenzung der Winkeldivergenz; K Analysator -
Kristall (z.B. LiF); B_2 Blende; Z Zählrohr.
Die Drehachse für das Zählrohr und den Kristall
ist im Mittelpunkt des Teilkreises T senkrecht
zur Zeichenebene.

Eine Röntgenröhre emittiert kontinuierliche Brems-
strahlung mit charakteristischen Linien der angeregten Atomsorte im Anodenmaterial (Wolfram).
Diese Strahlung fällt auf die Probe und regt dort
die charakteristischen Linien der vorhandenen Ele-
mente an. Die also von der Probe ausgehende Strahlung wird von einem geeigneten Analysatorkristall
(Monochromator) spektral zerlegt, so daß gemäß
der Bragg-Bedingung nur solche Röntgen-Photonen
in das Zählrohr gelangen, deren Energie der
Winkelstellung entspricht. Die Zählrate läßt
sich auf dem angeschlossenen Schreiber direkt
verfolgen. Aus der Intensität einer bestimmten
charakteristischen Linie kann die Anzahl der in

der Probe vorhandenen Atome, die diese Linie
emittieren, berechnet werden. Um allerdings
eine genaue Aussage zu erhalten, sind Stabilität
des Röntgengenerators über den Meßzeitraum und
gleiche Versuchsbedingungen bei allen Proben
sowie sorgfältige Eichung notwendig. Bei der
erforderlichen Meßgenauigkeit von mindestens
ca. 5% genügte es, den Generator ca. 60 Minuten
warmlaufen zu lassen, allerdings beeinflussen
Änderungen der Raumtemperatur die angezeigten
Zählraten.

Um gleiche Bedingungen bezüglich Form, Masse,
Volumen, Dichte sowie Absorption der Probe her-
zustellen, wurden alle zu untersuchenden Proben,
also die pulverförmigen Ausgangssubstanzen, die
aufgedampften Filme und die beim Verdampfen zu-
rückgebliebenen Reste der Preßstücke in verdünnter Salpetersäure aufgelöst und in der Flüssigkeit analysiert.

Die Proben lösten sich alle gut auf und wurden
zur Messung in 10ml fassende Küvetten gefüllt.
Die aufgelösten Massen mußten auf Grund der ge-
ringen Masse der aufgedampften Filme sehr klein
sein. Je nach Eu-Gehalt wurden 2 - 4mg $Eu_xSr_{1-x}S$
auf 10ml verwendet.

Zur Eichung wurden ebenfalls Lösungen hergestellt, die 2 - 4mg $Eu_xSr_{1-x}S$ auf 10ml enthiel-
ten, allerdings wurden die verschiedenen Konzentrationen Sr : Eu aus je 1l Mutterlösung Eu_2O_3
und $SrCO_3$ in verdünnter Salpetersäure zusammen-
gemischt. Die Massen der Ausgangssubstanzen für
die Mutterlösungen wurden abgewogen.

Zur Bestimmung des Konzentrationsverhältnisses
Sr : Eu in den Flüssigkeiten wurden die Zählraten bei den charakteristischen Röntgenenergien

der $Sr_{K\alpha}$ - und der $Eu_{L\alpha}$ -Linien ausgewertet.
Es wurde jeweils der eine und der andere Peak
200 Sekunden lang gezählt. Dann wurde der Un-
tergrund abgezogen und das Verhältnis von
Sr zu Eu gebildet.

Es wurden mehrere Verfahren und Einstellungen
ausprobiert, um zu reproduzierbaren und genauen
Ergebnissen zu kommen. Nach mehreren Eichver-
suchen bei verschiedenen Generatoreinstellungen
und Zählzeiten ergaben sich verschiedene Eich-
kurven, die auch bei gleichen Einstellungen von
Stunde zu Stunde und Tag zu Tag variierten.
Daraus ergab sich die Forderung einer zügigen
Messung bei möglichst gleichzeitiger Eichung,
was der Forderung nach hohen Zählraten für
gute Statistik bei kleinen Massen widerspricht.
Als Kompromiß wurden zuerst die in genügender
Menge vorhandenen Ausgangssubstanzen an der
Eichung kontrolliert und nachher als Eichproben
für die Filme und Aufdampfreste benutzt.

Es zeigte sich (Bild 18), daß die Pulverproben
gut mit der Eichkurve an den erwarteten Zusammen-
setzungen übereinstimmten.

Mit diesen Ausgangssubstanzen stimmen die beim
Verdampfen entstandenen Filme sowie Aufdampfreste gut überein (Bild 19).

Die Genauigkeit einer solchen Bestimmung ist
ca. $\pm$ 2-3%.

Es kann als Ergebnis der Röntgenfluoreszenzanalyse festgestellt werden, daß die aufgedampften
Filme in der Eu-Sr-Zusammensetzung nicht merkbar
von der des Ausgangsmaterials abweichen.

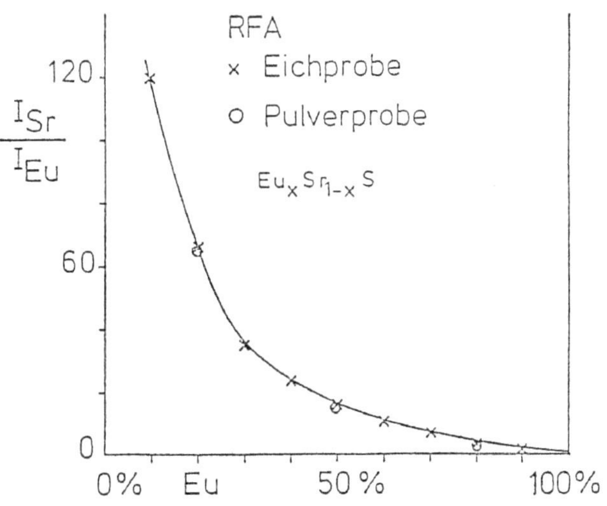

Bild 18.
Das Verhältnis der Röntgenintensitäten
I_{Sr} zu I_{Eu} als Funktion der Konzentration. Eichung und Analyse erfolgten an
Flüssigkeiten.

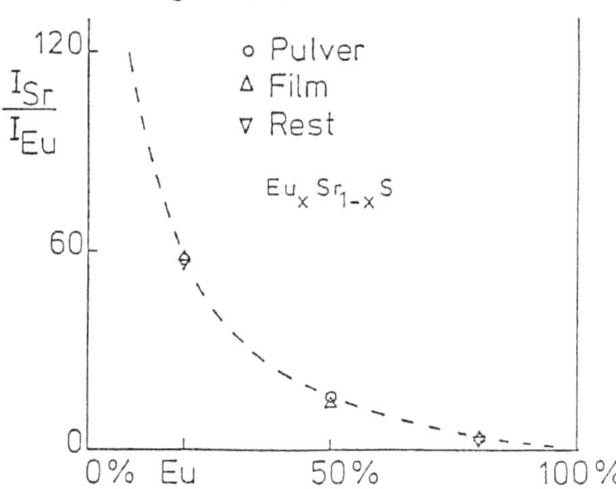

Bild 19. Das Verhältnis der Röntgenintensitäten I_{Sr} zu I_{Eu} als Funktion der Konzentration. Die acht Proben wurden in der
Flüssigkeit untersucht.

3. Kontrolle der Struktur der Proben mittels Röntgenbeugungsanalyse

Um die Kristallstruktur der aufgedampften Schicht zu untersuchen, wurden von Filmen mit 80%, 50% und 20% Eu Röntgenaufnahmen mit dem Röntgen-Goniometer gemacht. Dabei zeigte sich, daß die dünne Schicht im wesentlichen nur in einer einzigen Richtung Bragg-Reflexe liefert. Das bedeutet, daß die Schicht nahezu nur in einer einzigen kristallographischen Richtung orientiert ist. Allerdings ist diese ausgeprägte Vorzugsrichtung nicht bei allen drei Konzentrationen dieselbe:

Tabelle 1

Zusammensetzung	Indizes der Netzebenen, die in der Filmebene liegen
80% Eu	(422)
50% Eu	(311)
20% Eu	(200), (311)

Um das Ausmaß der Textur der drei untersuchten Filme zu veranschaulichen, sind in Bild 20 Schreiberprotokolle der Röntgen-Goniometer-Aufnahmen wiedergegeben.

In diesem Bild ist die obere Messung an $Eu_{0.8}Sr_{0.2}S$-Pulver gemacht worden. Diese "normale" Aufnahme enthält alle Linien der NaCl - Struktur und nur diese. Aus den Winkellagen der Bragg-Reflexe ergibt sich eine Gitterkonstante von 5.98 Å.

Von den darunter gezeigten drei Filmaufnahmen sind deutlich verschobene Intensitätsverhältnisse abzulesen, was auf starke Textur hindeutet.

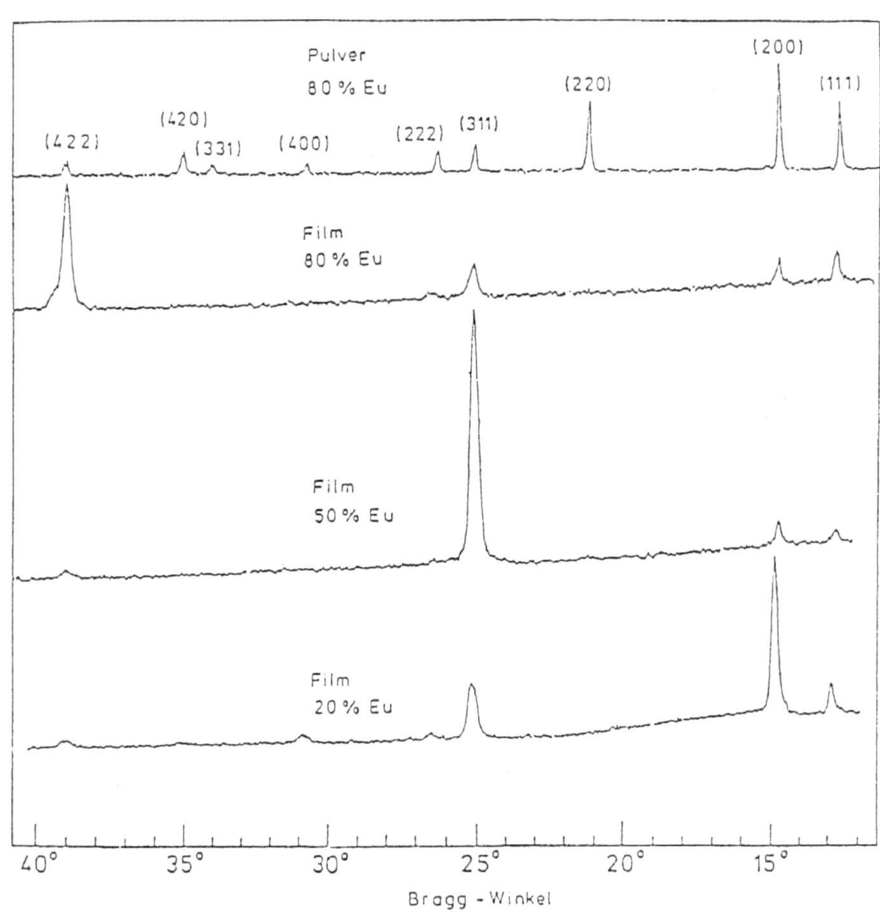

Bild 20.

Originalmeßprotokolle der Röntgen-
Goniometer-Aufnahme ("Diffraktometer").
Die obere Aufnahme (Pulver) ist im
kubisch flächenzentrieten Gitter
(NaCl-Typ) indiziert.

Bei dem Film mit 50% Eu ist die Orientierung am
stärksten und man könnte von einer "einkristalli-
nen" Schicht sprechen. Da sich bei jeder Konzentration eine andere Vorzugsrichtung einstellt,
muß angenommen werden, daß diese zufällig ist.
 Als Unterlage wurde bei diesen Filmen Objekt-
träger aus Glas genommen, die selber keine aus-
gezeichnete Richtung aufweisen.

Man muß annehmen, daß die anfangs vereinzelt auf
dem Substrat aufwachsenden Kristallite durch Einbau weiterer Molekülgruppen in einer zufällig
vorgegebenen Orientierung weiterwachsen und sich
hauptsächlich eine einzige Vorzugsrichtung dabei
durchsetzt.

Da die Gitterkonstantenbestimmung aus den Gonio-
meter-Aufnahmen sehr ungenau ist (nur 1 Peak), wurden die dünnen Schichten abgekratzt und das Pulver
mit einer Debye-Kamera untersucht.
Hierbei stellte sich eine einphasige NaCl-Struktur
mit annähernd gleichen Gitterkonstanten heraus:

Tabelle 2

Zusammensetzung	Gitterkonstante
80% Eu	5.99 ± 0.01 Å
50% Eu	6.00 ± 0.01 Å
20% Eu	6.00 ± 0.01 Å

Auch hierbei ergibt sich noch ein relativ großer
Fehler, da die Linien der Debye-Aufnahme durch die
sehr kleine Dicke der abgekratzten Film-Stücke
(ca. $d = 0.5$ μm) verbreitert und relativ schwach
sind. Auch werden bei aufgedampften Filmen in der
Regel Abweichungen der Gitterkonstanten durch
Restgasadsorption und Einbau von Gitterfehlstellen
bewirkt. Die Gitterkonstanten der Filme stimmen
aber im Rahmen der Meßgenauigkeit mit den
Ergebnissen der Pulveranalyse in Bild 16 überein.

IV. Ergebnisse und Diskussion

1. Absorption bei Zimmertemperatur

Um das Verhalten des Absorptionsspektrums von
EuS bei Zimmertemperatur in Abhängigkeit von der
Sr-Verdünnung näher zu untersuchen, wurden Filme
mit x = 1.0, 0.8, 0.5 und 0.2 in Dicken von
ca. 500-1300 Å aufgedampft und im Cary 14 gemessen (Bild 21).

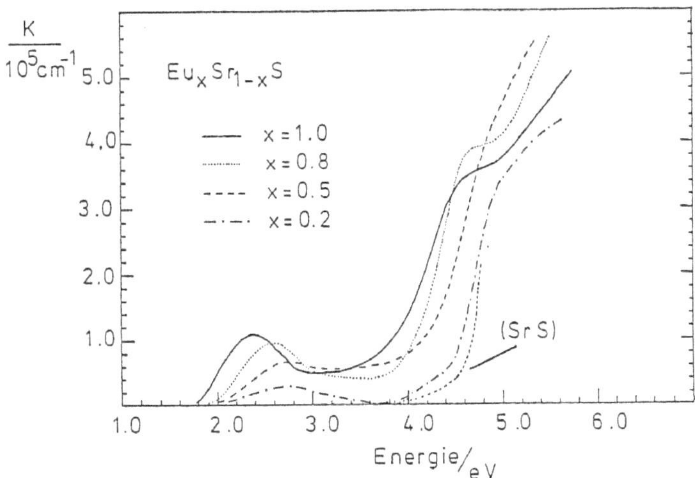

Bild 21.

Absorptionskoeffizienten von 4 dünnen
Filmen $Eu_x Sr_{1-x} S$ mit x = 1.0, 0.8, 0.5
und 0.2 in Abhängigkeit von der Energie
bei Zimmertemperatur.
Gestrichelt eingezeichnet ist bei 4.75eV
die Absorptionskante von SrS (x = 0.0)
nach Zollweg. [38)]

Die Filme mußten so dünn sein, weil der Absorptionskoeffizient, wie aus Bild 21 ersichtlich, oberhalb $E = 4eV$ beträchtlich ansteigt und etwa $5 \cdot 10^5 cm^{-1}$ beträgt. Da das Verhältnis I/I_o wegen Streulicht und Rauscheffekten nicht zu klein werden sollte ($^I/I_o > 10^{-4}$) muß die Schichtdicke nach Gleichung (4) kleiner als etwa 2000 Å sein. Die zur Berechnung von K notwendige genaue Schichtdicke läßt sich aber an diesen sehr dünnen Filmen nicht mehr mit der erforderlichen Genauigkeit bestimmen.

Um die Spektren dennoch normieren zu können, wurden vier dicke Filme hergestellt und daran das erste Absorptionsmaximum bestimmt. Die Schichtdicken (2000 - 3000 nm) wurden mit dem Vielstrahl-interferenzverfahren nach Tolansky [39] gemessen.

Die Peakhöhe nimmt demnach annähernd linear mit der Sr-Verdünnung ab (Bild 22).

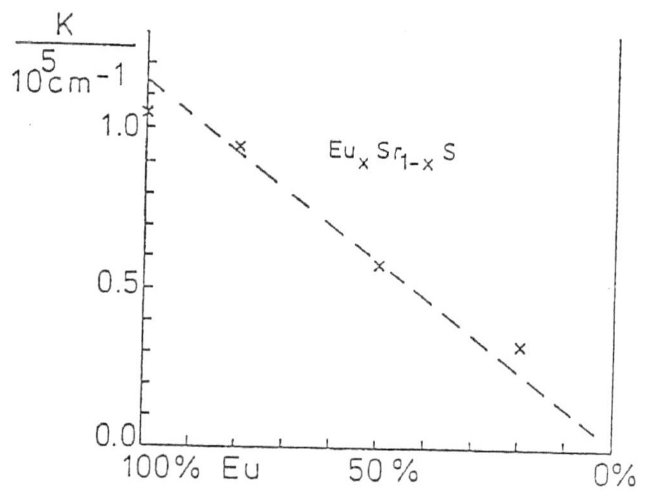

Bild 22.

Absorptionskonstante im 1. Maximum (ca. 2.3eV bei EuS, s. Bild 3, Bild 21) in Abhängigkeit von der Konzentration x in $Eu_x Sr_{1-x} S$

Die Absorptionsmessung von EuS (x = 1.0) ist in
guter Übereinstimmung mit den bekannten Litera-
turmessungen (siehe auch Bild 3). Die Messungen
am Verdünnungssystem sind daher ebenfalls als
verläßlich anzusehen.

Die Verschiebung der charakteristischen Strukturen
des Absorptionsspektrums ist in Bild 23 als
Funktion der Eu-Konzentration dargestellt.

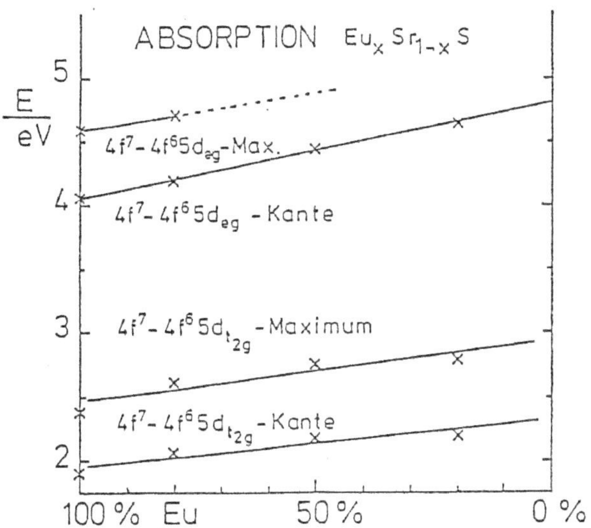

Bild 23.
Die energetische Lage der charakteristischen Strukturen im Absorptionsspektrum (Bild 21) als Funktion von
der Konzentration x.

2. Reflexion bei Zimmertemperatur

Wegen des hohen Absorptionskoeffizienten
für $E > 4\,eV$ haben die Absorptionsspektren in
diesem Bereich nur eine schlechte Auflösung.
Deshalb ergab sich die Notwendigkeit einer
Reflexionsmessung. Die Reflexion ist definiert
als das Verhältnis aus einfallender zu reflek-
tierter Strahlungsintensität und läßt sich bei
stark absorbierenden Stoffen als

$$(5) \quad R = \frac{(n-1)^2 + k^2}{(n+1)^2 + k^2}$$

schreiben.
Hierbei sind k der Absorptionskoeffizient und
n der Brechungsindex der Probe.

Da aber bei der Reflexionsmessung an dünnen
Filmen keine guten Ergebnisse erzielt werden
konnten (Interferenzen in den Schichten sind
viel größer als die zu messende Struktur),
wurden Einkristalle von K.Westerholt poliert
und mit dem Reflexionszusatz im Cary 14 gemessen.

Dabei ist zu beachten, daß die Spektrometer-
spaltweite des Cary 14 während der Messung
konstant gehalten wird, da sonst die Fläche
des $2-5\,mm^2$ großen Einkristalls kleiner wird
als die des Lichtflecks. Die Intensität der
Reflexionsspektren kann nicht normiert werden.
Die Spektren sind in Bild 24 gezeigt. Das für
reines EuS gemessene Spektrum ist in guter
Übereinstimmung mit Wachter et. al. [40]

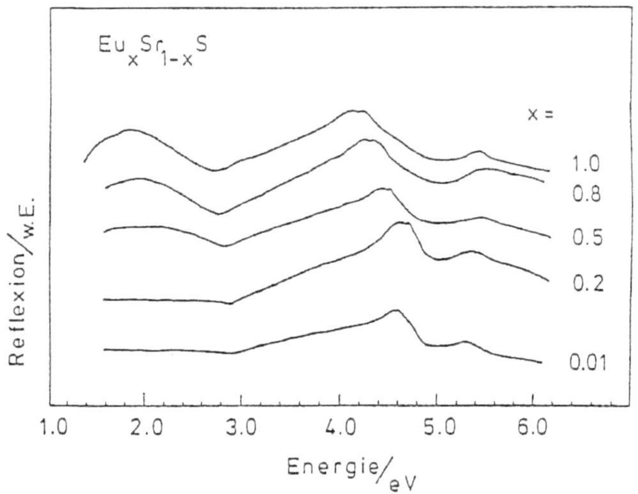

Bild 24.
Reflexion von 5 polierten Einkristallen Eu$_x$Sr$_{1-x}$S mit x = 1.0, 0.8,
0.5, 0.2 und 0.01. Die Intensitäten
sind nicht auswertbar, nur die Strukturen relativ zueinander.

Die Reflexionsspektren sind nicht genau proportional zum Absorptionsspektrum, da die Reflexion
auch vom Brechungsindex n abhängt.
Man erkennt aber in Bild 24 für x = 1.0 doch den
charakteristischen Peak des $4f^7$-$4f^6 5d_{t2g}$-Überganges
bei ca. 1.9eV. Nach einem Anstieg der Reflexion
ab ca. 2.8eV gibt es oberhalb von 4eV zwei Maxima,
von denen das erste bei 4.3eV aufgespalten ist.
Das zweite liegt bei 5.4eV. Wie sich die charakteristischen Strukturen des Reflexionsspektrums mit
der Konzentration x verschieben, ist in Bild 25
zusammen mit der Interpretation dargestellt.

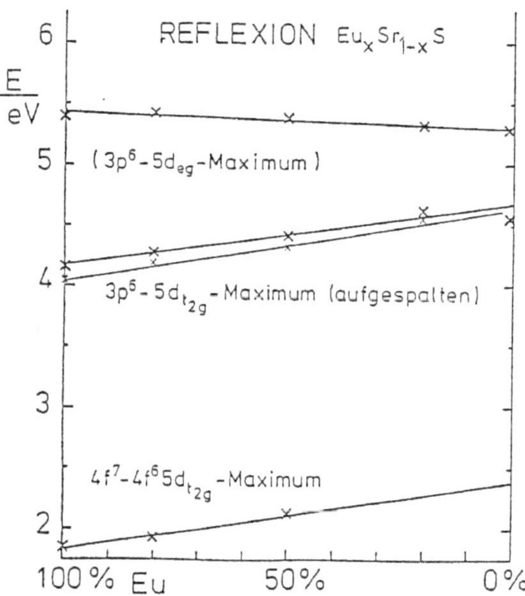

Bild 25.

Die energetische Lage der charakteristischen Strukturen in den Reflexionsspektren (Bild 24) als Funktion der
Konzentration.

3. Interpretation der Spektren

Das erste Maximum in Absorption und Reflexion
ist zweifellos dem $4f^7$-$4f^6$5d-Übergang zuzuordnen.
Wie zu erwarten nimmt die Gesamtabsorption
(Fläche unter dem Peak) mit abnehmender Eu -
Konzentration ab. Außerdem verschiebt sich sowohl
die Absorptionskante als auch das Maximum zu
höheren Energien (Bild 24).

Bei mittleren Konzentrationen (x = 0.5, 0.8)
ist die hochenergetische Flanke des $4f^7$-$4f^6$5d$_{t2g}$-
Peaks nicht klar ausgebildet und wird von einer
anderen Absorption überlagert. In der gut aus-
gebildeten niederenergetischen Flanke kann man
jedoch eine Verbreiterung des Absorptionspeaks
mit abnehmendem x erkennen. Die Halbwertsbreite
des 1. Absorptionspeaks ist als Funktion der
Konzentration in Bild 26 dargestellt.

Bild 26.
Halbwertsbreite des
ersten Absorptions-
peaks (bei ca. 2.2eV
in EuS, siehe Bild 23)
als Funktion der
Konzentration

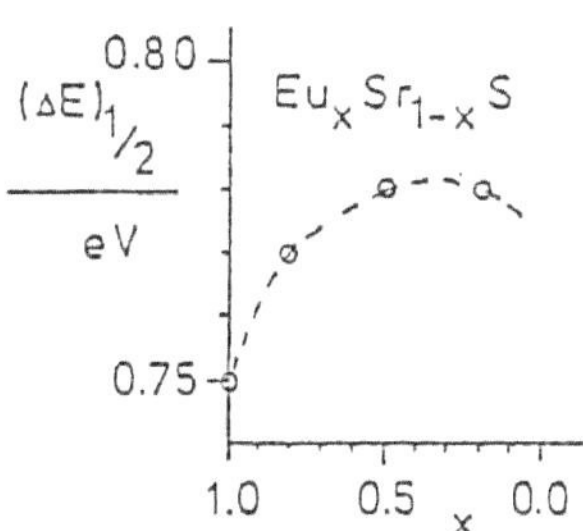

Der 2. Absorptionspeak (bei 4.6eV für EuS,
s. Bild 21) wird im Bandmodell Bild 4 als
$4f^7$-$4f^6$5d$_{eg}$-Übergang gedeutet. Diese Interpretation ist in guter Übereinstimmung mit dem

Ergebnis in Bild 21, wo der Peak mit abnehmender
Eu-Konzentration verschwindet.

Da der Absorptionspeak sich der Hauptabsorption
3p-(5d,6s) (Valenzband-Leitungsband) überlagert,
ist eine genauere Auswertung der Halbwertsbreite
und der Lage des Maximums für $x < 0.5$ nicht
möglich.

Die Kante der Hauptabsorption verschiebt sich
mit abnehmender Eu-Konzentration zu höheren
Energien (Bild 23). Nach Zollweg [38] hat SrS eine
Absorptionskante bei 4.75eV, in guter Überein-
stimmung mit der Extrapolation für $x \rightarrow 0.0$ in
Bild 21.

Die Reflexionsspektren sind nicht direkt aus der
Bandstruktur nach Bild 4 ablesbar, da sie von n
und k abhängen (Gleichung 5). Trotzdem ist eine
Zuordnung der Strukturen in der Reflexion möglich,
wie sie auch bei Güntherodt et. al. [41] durchgeführt wird. Aus der Abnahme des 1. Reflexionspeaks
bei ca. 1.9eV in EuS (Bild 24) kann z.B. eindeutig
geschlossen werden, daß er zu dem $4f^7\text{-}4f^6 5d_{t2g}$-
Übergang gehört. Ein entsprechender $4f^7\text{-}4f^6 5d_{eg}$-
Übergang ist in den Reflexionsspektren nicht zu
erkennen. Dagegen kann wiederum eindeutig aus der
Konzentrationsabhängigkeit der Struktur der
Reflexion für $E > 4eV$ geschlossen werden, daß
diese Struktur von Valenzband-Leitungsband-Über-
gängen herrührt, die nicht für $x \rightarrow 0.0$ verschwin-
den. Aus der Ähnlichkeit der Struktur für alle x
kann geschlossen werden, daß die elektronische
Bandstruktur in $Eu_x Sr_{1-x}S$ im gesamten Konzentrationsbereich sehr ähnlich ist und die Energiebänder sich mit dem mittleren Potential kontinuierlich verschieben.

Der 2. Reflexionspeak bei etwa 4.3eV für EuS
(Bild 24) mit der Feinstruktur kann dem
$3p-5d_{t2g}$-Übergang zugeordnet werden. Die Ver-
schiebung dieser Struktur mit der Eu-Konzentra-
tion x ist in guter Übereinstimmung mit der
Interpretation der Hauptabsorptionskante in
Bild 23.

Die Feinstruktur wird auch in SrS beobachtet [38]
und als l-s-Aufspaltung des Leitungsbandes interpretiert. Bild 27 zeigt noch einmal die Konzentrationsabhängigkeit dieser Feinstrukturaufspal-
tung.

Bild 27.
Größe der Fein-
strukturaufspaltung
in meV des Refle-
xionspeaks in EuS
bei 4.3eV (Bild 24)
als Funktion der
Eu-Konzentration

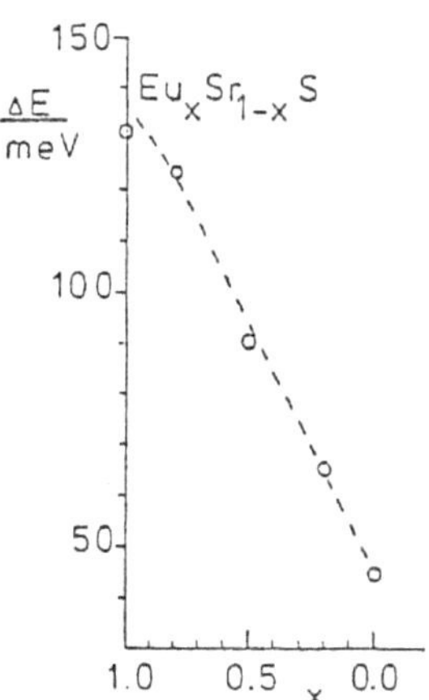

Die Aufspaltung nimmt mit der Eu-Konzentration x
kontinuierlich ab, in Übereinstimmung mit der zu
erwartenden abnehmenden l-s-Aufspaltung.
Die l-s-Kopplung ist in Sr (Z = 38) kleiner als in
Eu (Z = 63), da sie im freien Atom proportional
zu Z^4 ist.

Der 3. Reflexionspeak liegt fast energieunabhängig
bei etwa 5.4eV. Er könnte der $3p-5d_{eg}$-Absorption
zugeordnet werden, was aber nicht ganz sicher ist.

Qualitativ sind die wesentlichen konzentrations-
abhängigen Verschiebungen der Strukturen in Absorption sowie in Reflexion im Rahmen beider theore-
tischer Modelle interpretierbar:

Im Bandmodell nach Bild 4 bedeutet die Verschiebung der Maxima und Kanten mit der Eu-Konzentration einfach eine relative Verschiebung der elektronischen Energiebänder und der 4f-Niveaus. Ohne
explizite Bandstrukturrechnungen für $Eu_xSr_{1-x}S$
ist eine quantitative Auswertung nicht möglich.

Im Exzitonenmodell bedeutet die Rotverschiebung
des $4f^7 - 4f^6 5d_{t2g}$-Überganges mit zunehmender
Eu-Konzentration eine Erniedrigung der Gesamt-
energie des Exzitons in Bild 9, S. 14, die als
kinetische Rotverschiebung interpretiert wird.
Die quantitative Übereinstimmung ist mit einem
gemessenen Wert für die kinetische Gesamtverschiebung von $\triangle E = 0.3 eV$ und einem angegebenen
Wert [20] von 0.3 eV recht gut.

Eine Entscheidung zugunsten eines der beiden
Modelle ist also aus den Absorptions- und Reflexionsmessungen nicht möglich.

Zur Beurteilung der statistischen Verteilung
der Eu-Ionen in $Eu_xSr_{1-x}S$ läßt sich die Verbreiterung des Absorptionspeaks mit zunehmender
Sr-Verdünnung heranziehen (Bild 26). Der
Absorptionspeak bei x = 1.0 wird von Exzitonen-
zuständen bewirkt, die alle die lokale Umgebung
von z = 12 gleichen nächsten Eu-Nachbarn besitzen.
Bestimmend für die energetische Lage des Absorptionsmaximums ist bei Sr-Verdünnung die Zahl

der Eu-Nachbarn, die ein angeregtes Eu-Zentrum
umgeben, da das effektive Potential $\triangle E_{5d}$ des
Exzitons (Bild 9) zunimmt, wenn die nächsten
Nachbarn durch Sr ersetzt werden.

 Bei Abweichungen $\triangle x$ der lokalen Konzentration
von der mittleren Konzentration x treten Eu -
Zentren auf, die z = 12 (x-$\triangle$x) bis z = 12 (x+ x)
gleichartige nächste Nachbarn haben. Diese Zentren
liefern verschobene Absorptionspeaks, die ent-
sprechend der vorhandenen Breite der Konzentra-
tionsverteilung zur Verbreiterung des gemessenen
Absorptionspeaks beitragen. Die Verschiebung des
Maximums ist proportional zu der Konzentration x
(Bild 23). Die statistische Breite $\triangle$x der Kon-
zentrationsverteilung bewirkt eine Variation der
Verschiebung des Absorptionsmaximums und damit
eine Vergrößerung der Halbwertsbreite $(\triangle E)_{1/2}$.
Es gilt

$$(6) \qquad \frac{\triangle x}{x} = \frac{\triangle(\triangle E)_{1/2}}{\triangle E} \quad .$$

Mit x = 0.2, $\triangle E$ = 0.32eV und der Vergrößerung
der Halbwertsbreite $\triangle(\triangle E)_{1/2}$ = 0.03eV aus
Bild 26 wird $\triangle$x = 0.02. Die Zahl der nächsten
Eu-Nachbarn schwankt also für x = 0.2 zwischen
z = 2.2 und 2.6.

 Allerdings liefert diese Abschätzung der Breite
der statistischen Verteilung aus der Verbreiterung
des Absorptionspeaks einen zu kleinen Wert für
$\triangle$x, da die mit x zunehmende Stokes-Verschiebung
die Absorption zu höheren Energien verschiebt,
was die durch Verschiebung der elektronischen
Niveaus bewirkte Rotverschiebung teilweise kom-
pensiert. [21]

Realistisch ist eine Variation der Konzentration bei x = 0.2 um $\triangle$x = 0.1, die aus der Poisson - Verteilung resultiert.

Da die paramagnetische Curietemperatur von $Eu_x Sr_{1-x} S$ linear mit der Verdünnung geht, liegen in der Probe mit x = 0.2 Zentren mit lokalen Curietemperaturen von $2 \text{ K} < \theta < 6 \text{ K}$ vor, was für die Deutung der magnetischen Rotverschiebung in Abschnitt IV/4 eine Rolle spielen wird.

4. Absorption bei tiefen Temperaturen, magnetische Rotverschiebung

Die vom EuS bekannte "magnetische Rotverschiebung"
der Kante des 1. Absorptionspeaks tritt auch in
den mit Sr verdünnten Proben auf.

Bei der Messung der Rotverschiebung der 1. Absorptionskante traten einige Schwierigkeiten auf.
Da die Verschiebung der Kante von 30 K bis ca. 1.6 K
mit 0.1eV recht klein ist, brachte der Versuch, den
ganzen Peak mehrmals bei verschiedenen Temperaturen
aufzunehmen und dann die Verschiebung abzulesen
keine guten Ergebnisse und war außerdem sehr zeit-
raubend. Deswegen wurde die energetische Verschiebung eines Punktes konstanter Absorption mit der
Temperatur gemessen. Mit diesem Verfahren läßt
sich die Rotverschiebung relativ schnell und
reproduzierbar messen. Allerdings muß noch beachtet
werden, daß sich die Kante nicht symmetrisch verschiebt. Die Verschiebung ist am unteren Teil der
Flanke kleiner, nimmt dann zu und geht nahe dem
Maximum wieder zurück.(Bild 28).

Das heißt, daß man an verschiedenen Stellen der
Absorptionskante unterschiedliche Rotverschiebungen
erhält. Die Messungen wurden alle etwa an der
Stelle vorgenommen, an der die Verschiebung maxi-
mal ist. Um die vermessene Filmfläche konstant zu
halten, mußten die Spaltöffnungen des Spektrometers
konstant gehalten werden, was stufenloses Regeln
der Lampenintensität erforderlich machte. Die
zügige Durchführung der Messungen war auch deshalb
geboten, weil sich nach einiger Zeit kleine Teile
des Films ablösten und direktes Licht durchließen,
was die Messung ebenfalls verfälscht hätte.

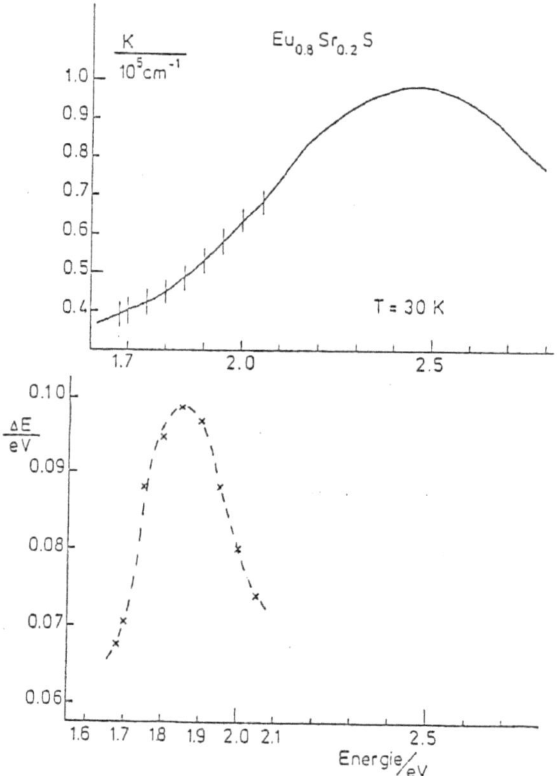

Bild 28.

Im oberen Bild ist die Absorptionskonstante K
als Funktion der Energie im Bereich des
1. Maximums dargestellt. An den markierten
Stellen bei 1.6 - 2.1eV wurde die Gesamtverschiebung eines Punktes konstanter Absorption
beim Abkühlen auf 1.6 K gemessen.
Darunter ist die Gesamtverschiebung als Funktion
der Energie aufgetragen.

Die Wärmeankopplung der Schicht an das He-Gas
war gut und die Aufheizung durch den Lichtstrahl
konnte vernachlässigt werden, da die Messungen
der magnetischen Rotverschiebung mit kleinster
bzw. größter Lampenintensität dasselbe Meßergebnis
lieferten, was auch nicht von der Größe des
He-Gasstroms abhing. Trotzdem wurde mit niedriger
Lampenintensität und nicht zu kleinem He-Gasstrom,
der während der Messung konstant blieb, gearbeitet.
Bei zu großem He-Strom oder gar flüssigem Helium
im Lichtstrahl treten unregelmäßige Streulicht-
anteile auf, die eine Messung unmöglich machen.
Auch darf die Pumpleistung der He-Pumpe nicht zu
klein sein, da sonst periodische Druckschwankungen
im Probenraum auftreten.

Die energetische Verschiebung eines Punktes
konstanter Absorption für verschiedene Eu-Konzen-
trationen ist in Bild 29 zu sehen, wo der Punkt
gewählt wurde, der nach Bild 28 die größte Rotverschiebung ergibt. Zusätzlich ist dort eine
Messung von Wachter [15] für x = 1.0 dargestellt,
die an polykristallinem Pulver durchgeführt wurde.
Diese Kurve wurde bei 30 K auf $\triangle E = 0$ und bei
2 K auf $\triangle E = 128$ meV angepaßt.
Die magnetische Rotverschiebung $\triangle E$ setzt schon
oberhalb des ferromagnetischen Ordnungspunktes ein
und erreicht bei der tiefsten Temperatur ihren
Maximalwert. Dieser Maximalwert bei 2 K nimmt mit
der Konzentration x ab, wie in Bild 30 gezeigt.
Da die paramagnetische Curietemperatur θ, die die
mittlere magnetische Wechselwirkung in der Probe
charakterisiert, linear von x abhängt (Bild 31),
liegt es nahe, die magnetische Rotverschiebung
nicht als Funktion von T, sondern als Funktion
von T/θ aufzutragen (Bild 32).

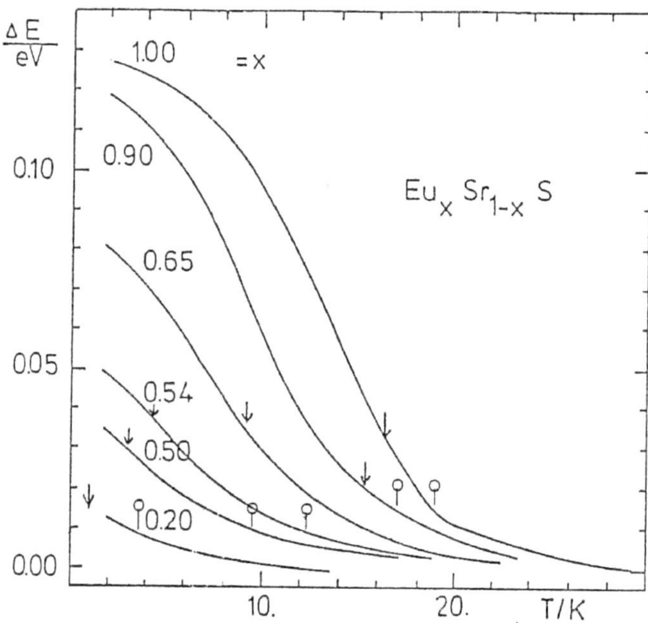

Bild 29. "Magnetische Rotverschiebung"
Die energetische Lage eines Punktes konstanter
Absorption an der Absorptionskante als Funktion
der Temperatur bezogen auf seine energetische
Position bei 30 K in Eu$_x$Sr$_{1-x}$S.
Die Kurve für x = 1.0 ist 15) entnommen (s. Text).
Mit eingezeichnet ist jeweils die Lage der
Übergangstemperatur zum magnetisch geordneten
Zustand (↓), sowie die paramagnetische Curie-
temperatur (♀).

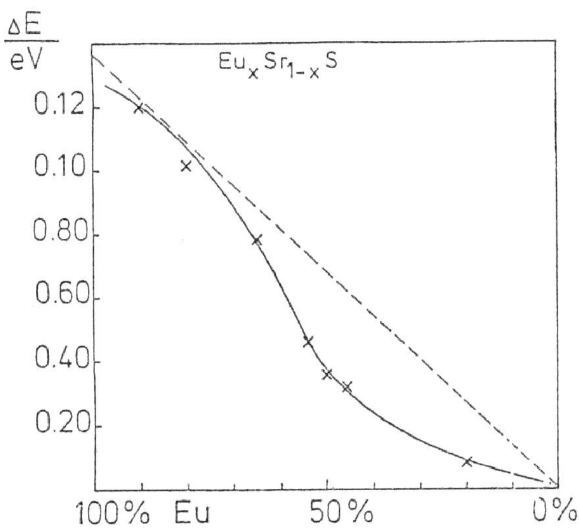

Bild 30.

Gesamtverschiebung $\triangle E$ zwischen 30 K und 1.6 K von dünnen Filmen $Eu_x Sr_{1-x} S$ als Funktion von x. Die unterbrochene Gerade gibt die erwartete lineare Abhängigkeit wieder (siehe Text).

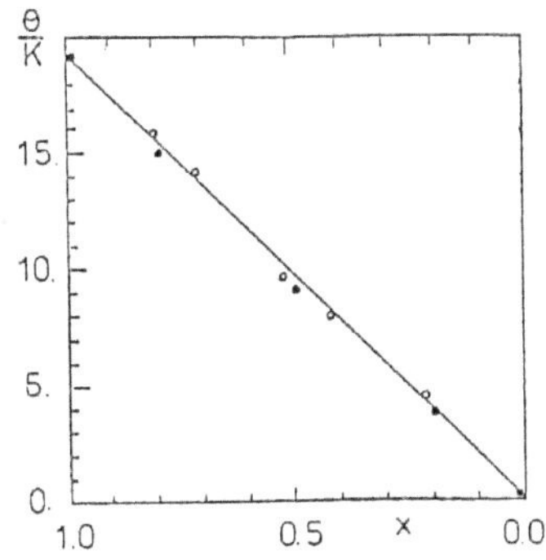

Bild 31.

Paramagnetische Curietemperatur in $Eu_x Sr_{1-x} S$ aus 21) .

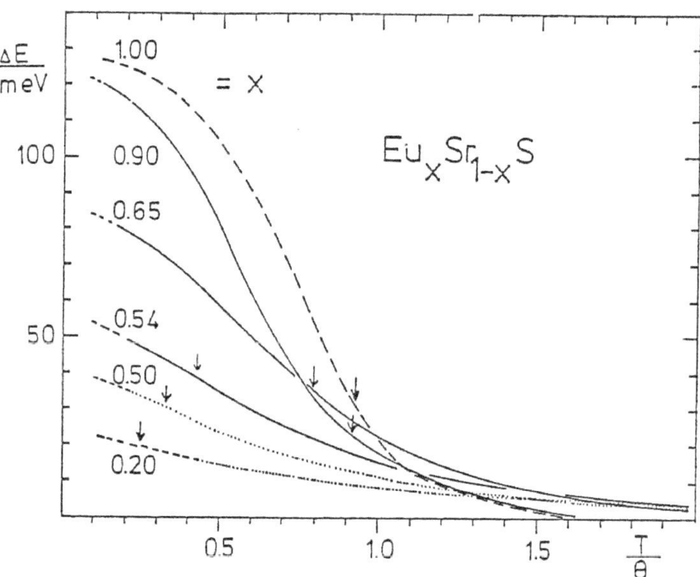

Bild 32.

Die magnetische Rotverschiebung aus
Bild 29 als Funktion der mit der
paramagnetischen Curietemperatur
normierten Temperatur.

Die Pfeile geben die Lage der jeweiligen
Übergangstemperatur an. Die unterbrochenen
Teile der Kurven bei $T/\theta \rightarrow 0.1$ sind extra-
poliert. Die unterbrochene Kurve für
x = 1.0 ist 15) entnommen.

Bei festem T/θ herrscht in allen Proben derselbe
Spinordnungsgrad, wenn man lokale Konzentrations-
schwankungen vernachlässigt. Es fällt auf, daß
die Proben mit geringerer Konzentration weit oberhalb $T/\theta = 1.0$ eine wesentlich höhere magnetische
Rotverschiebung zeigen als die mit höheren Konzentrationen. Auch der Wert von T/θ, bei dem die
Rotverschiebung auf die Hälfte ihres Wertes bei
$T/\theta = 1.0$ abgefallen ist, nimmt mit abnehmendem x
zu. Tabelle 3 enthält die Zahlenwerte von T/θ,
bei denen die Rotverschiebung auf Null bzw. auf
die Hälfte ihres Wertes bei $T/\theta = 1.0$ abgesunken
ist.

<u>Tabelle 3</u>

Abklingverhalten
der magnetischen
Rotverschiebung
über der mit θ
normierten Tempe-
ratur als Funktion
von x

x	T/θ (1/2)	T/θ (0.0)
1.00	1.19	1.6
0.90	1.21	1.6
0.65	1.31	2.1
0.54	1.50	2.6
0.50	1.66	3.2
0.20	1.82	3.4

Um dieses Abklingverhalten besser darzustellen, ist
in Bild 33 die magnetische Rotverschiebung $\triangle E$ als
Funktion der Konzentration x mit T/θ als Parameter
aufgetragen. Die Werte von T/θ nehmen von oben
nach unten zu und sind für einige Kurven angegeben.
Im unteren Bereich mit $T/\theta > 1.0$ ist die magnetische
Rotverschiebung mit vergrößertem Maßstab dargestellt.

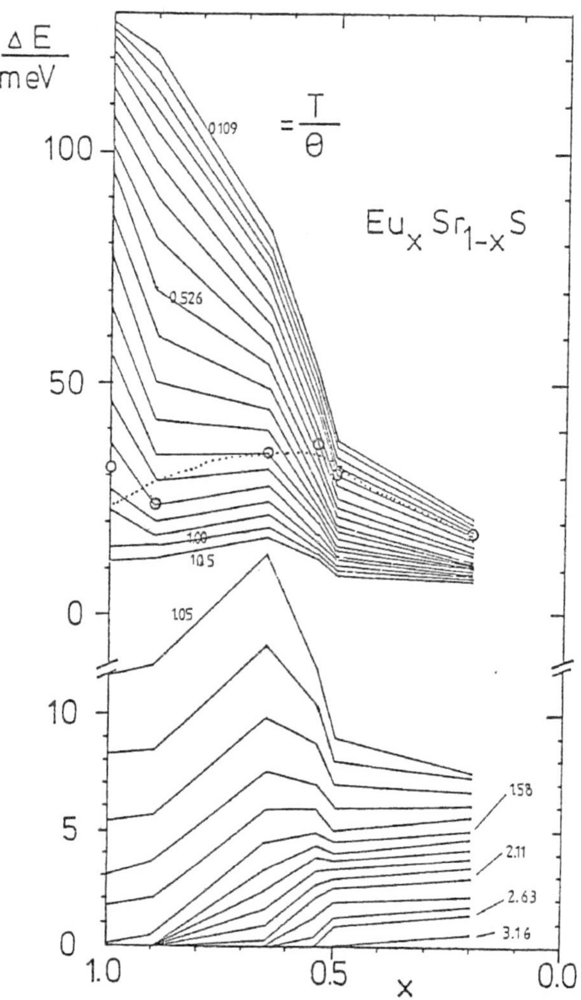

Bild 33.
Die magnetische Rotverschiebung ΔE
als Funktion der Konzentration x bei
verschiedenen Ordnungsgraden T/θ
(kleine Zahlen).

Die ferromagnetischen Ordnungspunkte sind in
Bild 33 als Kreise eingezeichnet und mit einer
punktierten Phasengrenzlinie verbunden. Oberhalb dieser Linie befindet sich die jeweilige
Probe im geordneten Zustand, darunter ist sie
paramagnetisch. Hier kann man deutlich erkennen,
wie die magnetische Rotverschiebung in Proben
mit höheren Konzentrationen oberhalb der paramagnetischen Curietemperatur schneller gegen
Null geht als in verdünnten Proben, die auch
bei hohen T/Θ - Werten noch magnetische Rotverschiebung zeigen. Daraus wird auf eine Spin-
ordnung geschlossen, die weit oberhalb von Θ
noch existiert. Dies kann nur durch Bereiche
in der Probe hervorgerufen werden, deren magnetischer Ordnungsgrad größer ist, als es der
mittleren Eu-Konzentration entspricht (siehe
paramagnetische Curietemperatur in Bild 31).
Wir hatten in Abschnitt IV/3, Seite 47/48 aus
der Halbwertsbreite der Absorption geschlossen,
daß die Probe mit $x = 0.2$ Bereiche enthält,
deren paramagnetische Curietemperaturen Θ bei
einem Mittelwert von $\Theta = 4$ K mit einer Halbwertsbreite von 4 K von 2 K bis 6 K verteilt
sind. Daher sollte die Rotverschiebung erst bei
etwa $T/\Theta = 1.5$ auf die Hälfte ihres Wertes bei
$T/\Theta = 1.0$ zurückgegangen sein, was nach Tabelle 3
gut erfüllt ist.

Der magnetische Anteil der spezifischen Wärme
kann aus den Rotverschiebungskurven (Bild 29)
durch Differenzieren nach T abgeleitet werden. [42]
Die optisch gemessene magnetische Rotverschiebung ist nach S. 15 proportional zur Spinkorrelationsfunktion $<\vec{S}_i \vec{S}_j>$, die das Quadrat
der Magnetisierung M angibt.

Nach Gleichung 3.22 aus 43) gilt für den
magnetischen Anteil der spezifischen Wärme:

$$(7) \qquad C_m (T) = - \frac{1}{2} W \left(\frac{\partial M^2}{\partial T} \right)_{H=0}$$

wobei W der Weisssche Faktor

$$W = (- Ng\mu_B)^{-1} \qquad \text{ist.}$$

In Bild 34 ist diese optische Spinordnungs-
wärme als Funktion der Temperatur dargestellt.
An der Lage der jeweiligen Ordnungstemperatur T_c
in bezug auf das Maximum kann man erkennen, daß
bei hohen Konzentrationen der größte Teil der
magnetischen Wärme durch die Spinausrichtung
dicht unterhalb T_c entsteht. Bei niedrigen Konzentrationen verlagert sich die Übergangstemperatur über das Maximum hinweg, so daß der größte
Teil der magnetischen Ordnung schon als Nahordnung im paramagnetischen Bereich oberhalb
der Übergangstemperatur vorhanden ist.

Bei tiefsten Temperaturen, wo die größtmögliche
Ordnung erreicht ist, sollte man erwarten, daß
die Gesamtverschiebung linear mit der Eu-Konzentration abnimmt, da die Zahl der ferromagnetischen
Nachbarspins linear mit der Eu-Konzentration
abnimmt (unterbrochene Linie in Bild 30).
Diese Linearität in x wird aber nicht beobachtet.
Die Gesamtverschiebung nimmt bei x = 0.5 gegen-
über der linearen Abnahme stark ab. Das bedeutet,
daß manche der benachbarten Spins keinen Beitrag
zur magnetischen Rotverschiebung liefern, also
nicht ferromagnetisch ausgerichtet sind.

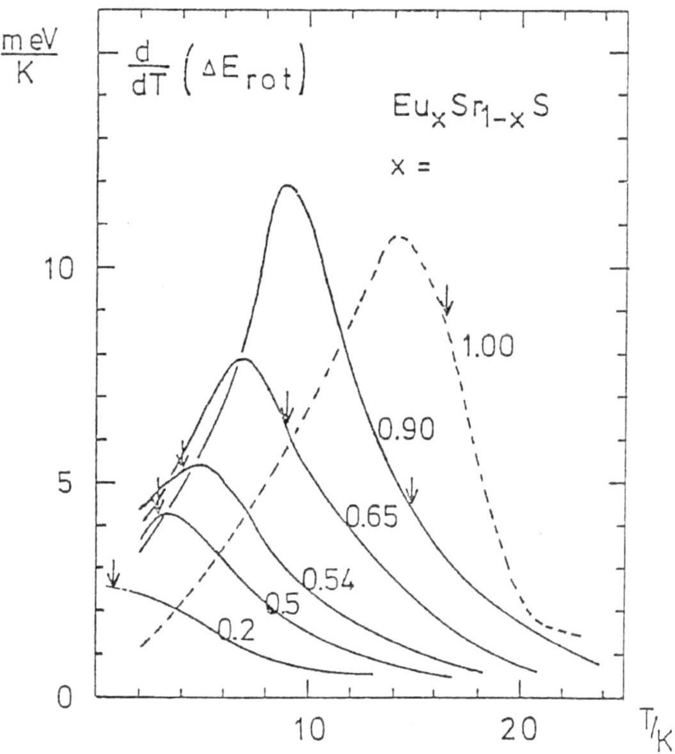

Bild 34.
Magnetische spezifische Wärme als
Funktion der Temperatur aus der
magnetischen Rotverschiebung für
verschiedene x.
Die Kurven wurden aus Bild 29 durch
graphisches Differenzieren nach T
gewonnen und stellen die Änderung der
Ordnung des Spinsystems dar. Die Pfeile
zeigen die Übergangstemperatur der
jeweiligen Probe an.

Für die magnetische Rotverschiebung liefern
alle die Eu-Atome keinen Beitrag, die

- keine nächsten Eu-Nachbarn besitzen,
  so daß die ferromagnetische Wechselwirkung J_1 entfällt. Die übernächsten
  Eu-Nachbarn sind über J_2 antiferro-
  magnetisch angekoppelt. Die Bedeutung
  der übernächsten Eu-Nachbarn hängt von
  der Größe des Exzitonenzustandes ab,
  der nach Kasuya nicht über die nächsten
  Eu-Nachbarn hinausgehen soll.

- nächste Eu-Nachbarn besitzen, deren
  Spins durch "Frustration" nicht parallel
  stehen. In diesem Falle ist der über
  mehrere Nachbarn gehende Austausch ver-
  gleichbar mit dem nächste-Nachbarn-Aus-
  tausch J_1 und von anderem Vorzeichen.

Diese "falsch" geordneten, "frustrierten" Spins
sind auch für das Absinken der ferromagnetischen
Ordnungstemperatur in Bild 35 bei $x = 0.5$ verant-
wortlich, weil sie das Austauschfeld der Nachbarspins auf das Zentralatom verringern.
Obwohl die magnetische Rotverschiebung die Nahordnung der Probe mißt, die ferromagnetische
Ordnungstemperatur aber das Einsetzen der Fern-
ordnung anzeigt, sind beide Kurven in Bild 35
überraschend ähnlich. Hier sind Übergangstemperatur T_c und magnetische Gesamtverschiebung ΔE_{ges}
so angepaßt, daß sich die Kurven bei $x = 0.8$
decken. Aus dieser Übereinstimmung folgt, daß
auch die magnetischen Eigenschaften im Verdünnungssystem $Eu_x Sr_{1-x} S$ schon bei $x = 0.5$ im
wesentlichen durch Nahordnung bestimmt werden.

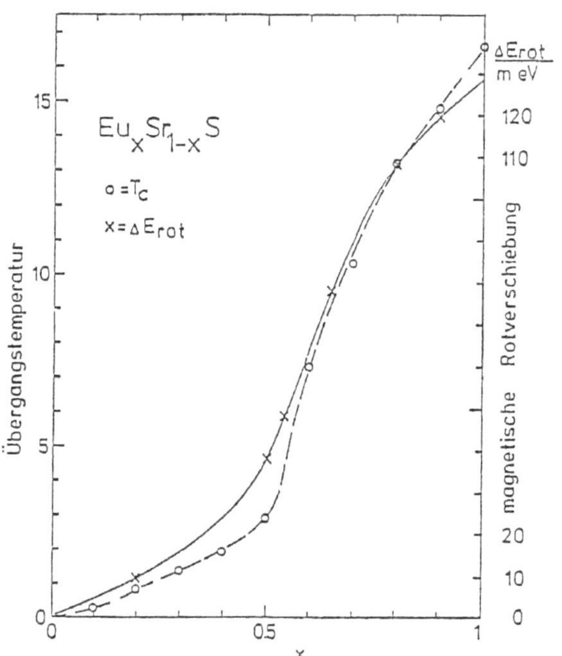

Bild 35.
Magnetische Rotverschiebung und
langreichweitige Ordnung in Eu$_x$Sr$_{1-x}$S.
Dargestellt sind die Gesamtverschiebung
zwischen 30 K und 1.6 K (durchgezogene
Linie) sowie die magnetischen Übergangs-
temperaturen T$_c$ (unterbrochene Linie).

Die magnetische Rotverschiebung erlaubt eine
direkte Messung der magnetischen Nahordnung, ist
jedoch nur in wenigen Substanzen anwendbar, da
es nur wenige durchsichtige Ferromagneten gibt
und diese im allgemeinen auch keine magnetisch
aktive Absorptionskante wie den f-d-Übergang
des Eu^{2+} besitzen.

V. Zusammenfassung

In dieser Arbeit wurden die optische Absorption und die magnetische Rotverschiebung der Absorptionskante an aufgedampften Schichten des Verdünnungssystems $Eu_xSr_{1-x}S$ als Funktion der Konzentration x und der Temperatur gemessen. Zum Vergleich wurden die Reflexionsspektren an Einkristallen aufgenommen.

Die durch Aufdampfen hergestellten Filme sind mit Textur kristallisiert und entsprechen in der Zusammensetzung den Ausgangssubstanzen.

Die optischen Spektren der Absorption und Reflexion in Abhängigkeit von der Eu-Konzentration lassen sich als Änderung des 4f-5d-Abstandes mit der Konzentration deuten.

Die mit der magnetischen Rotverschiebung untersuchte magnetische Nahordnung im Bereich des "Spinglases" ist überwiegend ferromagnetisch mit einer breiten Verteilung des lokalen Austauschfeldes, die sich auf die statistische Verteilung der Eu- und Sr-Ionen zurückführen läßt.

Literaturverzeichnis

1)   B.T.Matthias, R.M.Bozorth, J.H.Van Vleck
         Phys.Rev.Lett., $\underline{7}$, 5, (1961), 160

2)   B.E.Argyle, J.C.Suits, M.J.Freiser
         Phys.Rev.Lett., $\underline{15}$, 21, (1965), 822

3)   T.R.McGuire, B.E.Argyle, M.W.Shafer
         Appl.Phys.Letters, $\underline{1}$, (1962), 17
         und J.Appl.Phys., $\underline{34}$, (1963), 1345

4)   G.Busch, P.Junod, M.Risi, O.Vogt
         Proc.Internat.Conf. on Semicond.
         Exeter, (1962), 727

5)   S.Van Houten
         Phs.Rev.Letters, $\underline{2}$, (1962), 215

6)   J.B.Goodenough
         Magnetism and chemical Bond
         J.Wiley, New York, (1963), 149

7)   S.Methfessel, D.C.Mattis
         Magnetic Semiconductors
         Handbuch der Physik XVIII/1, (1968), 390

8)   G.Busch, P.Junod, P.Wachter
         Physics Letters, $\underline{12}$, 1, (1964)

9)   S.Methfessel
         Z.angew.Physik XVIII, 5/6, (1965), 414

10)   F.Rys, J.S.Helman, W.Baltensperger
         Phys.kondens.Materie, $\underline{6}$, (1967), 105

11)   S.J.Cho
         Phys.Rev., $\underline{157}$, 3, (1967), 632

12)   S.von Molnar, S.Methfessel
         J.appl.Phys., $\underline{38}$, (1967), 959

13)   A.Yanase, T.Kasuya
        J.Phys.Soc.Jap., <u>25</u>, 4, (1968), 1025

14)   T.Kasuya, A.Yanase
        Rev.mod.Phys., <u>40</u>, (1968), 684

15)   P.Wachter
        Crit.Rev.Sol.St.Sc., <u>3</u>, (1972), 189

16)   T.Kasuya
        CRC (Crit.Rev.Sol.St.Sc.), <u>3</u>, (1972), 131

17)   P.Streit
        Phys.kond.Mat., <u>15</u>, (1973), 284

18)   K.Lendi
        Phys.Cond.Mat., <u>17</u>, (1974), 189

19)   G.Güntherodt
        Phys.Cond.Mat., <u>18</u>, (1974), 37

20)   O.Sakai, A.Yanase, T.Kasuya
        J.Phys.Soc.Jap., <u>42</u>, 2, (1977), 596

21)   K.Westerholt
        Magnetische Halbleiter $Eu_xSr_{1-x}S$
        und $Eu_xSr_{1-x}O$
        Dissertation, Bochum 1978

22)   siehe 15), S. 202

23)   siehe 15), S. 202

24)   siehe 15), S. 204

25)   siehe 7), S. 398

26)   J.Feinleib, D.Adler
        Phys.Rev.Lett., <u>21</u>, (1968), 1010

27)   S.J.Cho
        Phys.Rev. B, <u>1</u>, 12, (1970), 4593

28)   T.Mitani, M.Ishibashi, T.Koda
J.Phys.Soc.Jap., $\underline{38}$, 3, (1975), 731

29)   H.Maletta, W.Felsch
Phys.Rev. B, $\underline{20}$, 3, (1979), 1245

30)   V.Canella, J.A.Mydosh
Phys.Rev. B, $\underline{6}$, (1972), 4220

31)   J.A.Mydosh
AIP Conf.Proc., (1975)

32)   P.J.Ford, J.A.Mydosh
Phys.Rev. B, $\underline{5}$, (1976), 2057

33)   D.Meschede, F.Steglich, W.Felsch,
H.Maletta, W.Zinn
Phys.Rev.Lett., (1979)

34)   D.Hüser, G.Daub, M.Gronau, S.Methfessel,
D.Wagner
J.Magn.Magn.Mat., $\underline{15-18}$, (1980), 207

35)   M.J.Freiser, F.Holtzberg, S.Methfessel,
G.D.Pettit, M.W.Shafer, J.C.Suits
Helv.Phys.Act., $\underline{41}$, (1968), 832

36)   K.Westerholt, B.Gosh, K.Siratori,
S.Methfessel, T.Petzel
Physica 86-88 B, (1977), 740

37)   R.Glocker
Materialprüfung mit Röntgenstrahlen
unter besonderer Berücksichtigung
der Röntgenmetallkunde,
Springer 1971, 5. Auflage

38)   R.J.Zollweg
Phys.Rev., $\underline{1}$, (1958), 111

39)   S.Tolansky
         An Introduction To Interferometry,
         London 1955

40)   G.Güntherodt, P.Wachter, P.M.Imboden
         Phys.kond.Mat., $\underline{12}$, (1971), 292

41)   G.Güntherodt
         Phys.Cond.Mat., $\underline{18}$, (1974), 37

42)   Anregung von H.Dachs
         Hahn-Meitner-Institut für Kernforschung,
         Berlin

43)   D.Wagner
         Einführung in die Theorie des Magnetismus,
         Vieweg 1966, S. 134

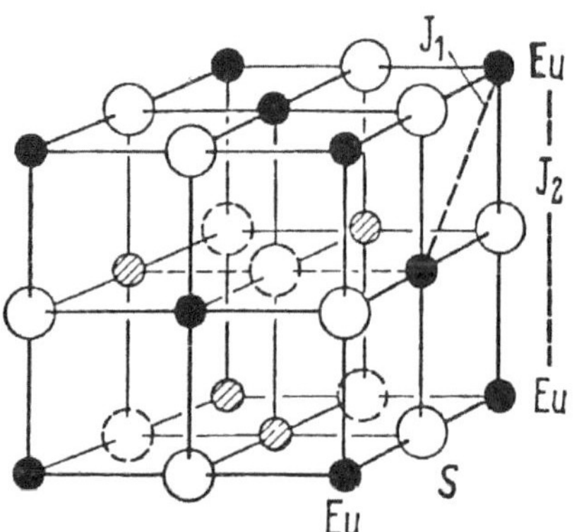

J_1
Eu
J_2
Eu
S
Eu

BEI GRIN MACHT SICH IHR WISSEN BEZAHLT

- Wir veröffentlichen Ihre Hausarbeit,
  Bachelor- und Masterarbeit

- Ihr eigenes eBook und Buch -
  weltweit in allen wichtigen Shops

- Verdienen Sie an jedem Verkauf

Jetzt bei www.GRIN.com hochladen
und kostenlos publizieren